讀懂時間簡史的第一本書

大科學家講時間的故事，帶你探索物理科學及宇宙生成的奧祕

理論物理學家
中國中山大學天文與空間科學研究院院長
李 淼[著]

目錄

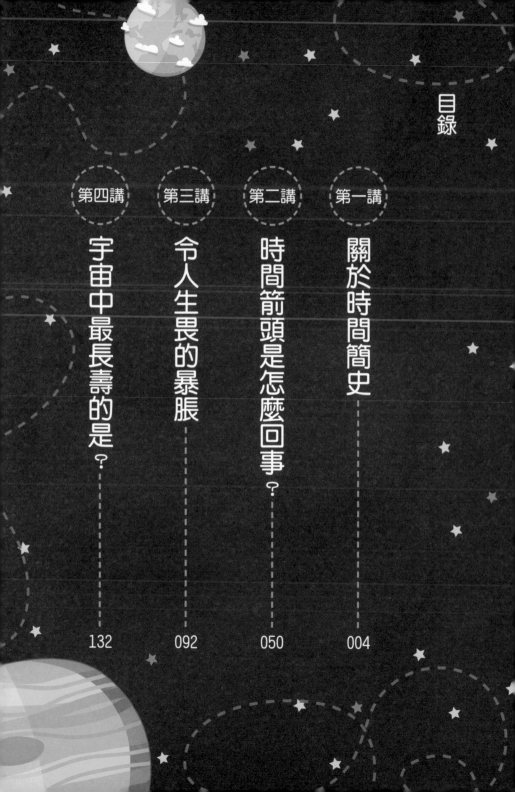

第一講

關於時間簡史

為什麼我們要談時間呢，是因為我們常會說「一寸光陰一寸金」嗎？這當然是部分原因。也許還有一個更重要的原因，那就是為了解釋宇宙中發生的各種現象，物理學家需要時間這個概念，同時，需要發明精確的儀器來記錄時間，例如手錶，或是手機裡的時鐘。

其實，人類記錄時間已經有很長的歷史了。給大家看下面這張圖，這是北京故宮的日晷。日晷是古代的鐘，是用來看時間的。當太陽照到日晷的時候，日

位於北京故宮的日晷。

日晷盤上的刻度。

晷上的那根針就將影子投在日晷的盤上。隨著太陽在天上移動，針的影子就在盤上移動。日晷的盤上還有一些刻度，用來表示時間。

再來看一下日晷盤上的刻度。要注意哦，這個日晷晷面不是故宮的那個。我們可以看到，上面有子、丑、寅、卯等等。下方的那個「午」，就是中午的意思。當晷針的影子與「午」重合時，就是中午十二點。中國人用這個辦法來記錄時間，已經有好幾千年了。而在古代巴比倫，用這種方式來看時間也有近六千年了。順便說一下，晷這個字，就是日影的意思。

那麼，為什麼會說用這種方式來記錄時間是可靠的呢？這是因為，太陽在天上移動的速度基本上是不變的。當然，我們看到太陽移動主要是因為地球在轉動，地球轉動的速度基本也不變。遠古的人當然不知道地球在轉動，更不知道地球的轉動速度為什麼不變，但是他們藉由觀察，發明了日晷這種比較精確的計時方式。

古代人除了「日出而作，日落而息」需要看時間，一年四季種莊稼也要看時間，這就需要精確地記錄季節的變化，這是比一天更長的時間。比如說，漢代有名的科學家兼文學家張衡（西元七八～一三九年）寫過一首長詩《東京賦》，裡面就寫道：「規天矩地，授時順鄉。」規和矩現在是測量的意思，我們也可以這麼理解。當然，張衡寫這句話真正的意思是效法天地，由此可見，天地的變化是可以用來記錄時間的。「授時」就是政府機構記錄時間告訴老百姓，而「順鄉」就是遵守老百姓的習俗，這裡當然也包括種地。

說到張衡，我們要說說這位中國古代偉大科學家的故事。他出生於西元七十八年，正是東漢年間。他的祖父是東漢的開國功臣，張衡自己則不太喜歡當官。不過，因為他精通天文，東漢第六任皇帝漢安帝劉祜就請他來做顧問，後來又升他為太史令。太史令其實也不是什麼官員，主要負責我們前面說到的授時、制定曆法，而張衡就是在擔任太史令期間改進了渾天儀。

東漢張衡像。

因為張衡不是什麼大官，歷史上對他的故事記錄得比較少。一九八三年，上海電影製片廠拍了部《張衡》的電影，裡面有不少張衡的故事。比如說，有一段故事是這樣的：張衡一面在太學府抄書，一面研製地動儀。地動儀模型的出現，引起了騎都尉[1]亶譜的驚恐。亶譜誣衊地動儀為「妖器」，下令將它燒掉，但當他聽說這是寫出著名的《二京賦》的張衡所造，又加以誇獎。他假惺惺地邀張衡到家中，用盛宴和美女來誘惑張衡，希望張衡為一本預示吉凶的書作注。

現在，我們對張衡的地動儀是否能夠精確測報地震表示懷疑，但是他製造的渾天儀確確實實是重要的天文學儀器。張衡並不是渾天儀的發明人，渾天儀在西漢時就被發明了出來，但張衡大大地改進了渾天儀。

渾天儀遠遠看上去是一個球體，其實是由幾個可轉動的圓圈組成的。左圖是明代製造的渾天儀，現在陳列於南京紫金山天文台。這個渾天儀最大圓圈的圓周長有四公尺多。渾天儀有一根軸穿過球心，軸穿過南極和北極。北極就是北極星所在的位置，而中國當然是看不到南極的，所以張衡只是推測有南極。

1 編按：漢代武官官階名稱。

這座製造於明代的渾天儀，
可以展現各種天文現象。

渾天儀的構造非常巧妙，轉動起來很像現代的望遠鏡，一個方向的轉動可以抵消地球的轉動，另一個方向的轉動，可以讓渾天儀上刻著的二十八星宿方向和天上星宿的方向完全一致。好玩的是，渾天儀上裝著兩個漏壺，壺底有孔，壺裡的水通過孔洞滴出來，就會推動圓圈，讓圓圈按著刻度慢慢轉動。於是乎，各種天文現象便赫然展現在人們眼前。

這件儀器當時被安放在東漢皇宮靈臺大殿的一個房間裡。夜裡，房間裡的人把某時某刻出現的天象及時報告給靈臺上的觀天人員，結果是儀器上所見與天上所現完全相符。這是非常神奇的事，說明張衡對天象的運行規律非常瞭解。

另外得說一下，渾天儀上還刻著二十四節氣，這樣，渾天儀還能預告節氣。

天文學是人類最古老的科學，就是因為農業需要它。當然，也許在一萬年前人類開始馴化植物和動物之前，就有人開始仰望星空了。中國科幻作家劉慈欣在一篇科幻小說中寫道：一個外星文明監視地球，發現有一個

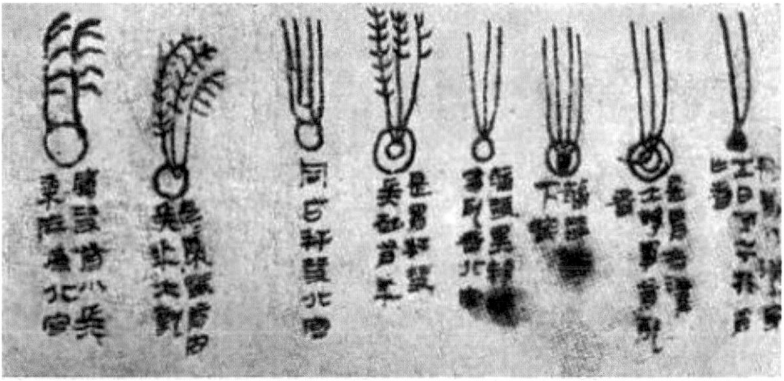

馬王堆帛書上記載的大量文獻，有助於了解漢初的星象等內容。

猿人抬頭仰望星空超過了一個特定的時間，就知道人類要變聰明了。

那麼，天文學到底是什麼時候開始的呢？在我們中國，傳說堯帝手下有兩個人，一個人的名字叫羲，另一個人的名字叫和，這兩人掌管天文和曆法。當然，這只是神話傳說，如果我們相信這種說法，中國在約西元前二千三百年就有天文學家了。但有考古證據說明，中國人至少在西元前就開始記錄彗星了。

上面這張圖就是長沙馬王堆漢代墓出土的帛書，上面畫了一些彗星，這張帛書應該是在西元前一百六十八年之前繪製的。

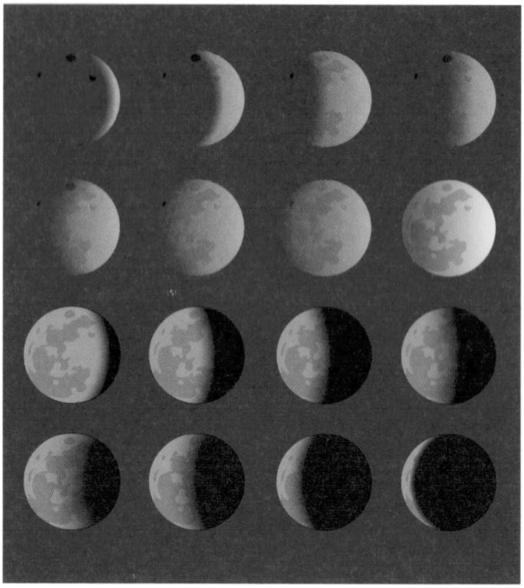

各種月相的變化。

在亞洲西部，古代有一個亞述人的文明，他們在西元前一千年，甚至前三千年，就開始記錄日蝕和月蝕了。他們甚至還觀察了行星的運轉，制定了太陰曆。

說到太陰曆，又叫陰曆，其實是各種古代文明都會使用的曆法，包括我們中國人、埃及人、巴比倫人、印度人、古希臘人、古羅馬人。為什麼這種曆法叫陰曆呢？因為它是根據月亮的運轉所制定的。月亮是繞著地球運轉的，在不同方向上，以不同的部分反射太陽的光，所以我們就會看到不同形狀的月亮，有時是滿月，有時只是一個小月牙，這種變化叫作月相。

從一個滿月到下一個滿月需要的時間，我們叫作一個月，有二十九天半。陰曆以這樣的十二個月為一年，所以只要稍微算一下，就知道陰曆的一年有三百五十四天。

聰明的人馬上就會說了，這不行啊，一年四季的變化需要三百六十五天啊！是的，嚴格來說，一年四季變化需要三百六十五天再加四分之一天。現在我們知道了，一年四季的變化是地球繞著太陽轉的結果。我們現在用的曆法，以三百六十五天當作一年，每過三年，就會有一個閏年，這一年有三百六十六天，這樣，平均下來一年是三百六十五天又四分之一天。我們現在用的就是這種曆法，因為這種曆法是根據太陽制定的，所以就叫陽曆。

讀者們都聽說過金字塔吧，金字塔除了是工程上的奇蹟，也是天文學上的奇蹟。比如說，古夫金字塔[2]有四條坑道分別指向小熊座的「帝

2 編按：又稱吉薩大金字塔，是埃及吉薩三座著名的金字塔中，最古老也最大的一座。同時也是古代七大奇蹟中，最為古老和唯一尚存的建築物。

用來計算時間的沙漏。

星」、大犬座的「天狼星」、「北極星」及天龍座的「右樞星」。

當然，多數古代人並不知道地球是繞著太陽轉的，更多的人認為太陽和月亮一樣，是繞著地球轉的。

說完了古人利用天文來計算時間，接下來我們談談關於鐘錶的故事。今天，我們走進一家服務比較好的餐館，點完餐，服務生往往會拿出一個沙漏，將沙漏倒著一放，沙子就會從上面向下面漏。服務生會說，如果沙子漏完了菜沒有上齊，我們就賠你一道菜。所以啊，這個沙漏就是計時器。

中國古代發明了類似沙漏的東西，叫水漏。最簡單的水漏就是在桶裡放一把尺，隨著水慢慢滴出來，尺會下降。我們看尺的刻度，就可以知道時間啦。據說，水漏最早在商朝就被發明出來。至於我們現在看到的沙漏呢，則出現得比較晚。

至於鐘錶，就出現得更晚了。利用齒輪和彈簧驅動的鐘，是德國人彼得·亨萊因（Peter Henlein，一四八五～一五四二年）在十六世紀初製造的，為了紀念他，紐倫堡至今還有他的雕像。

我們今天還會看到一種帶有鐘擺的鐘，這就不得不談到兩位有名的科學家，一位是伽利略（Galileo Galilei，一五六四～一六四二年），另一位是惠更斯（Christiaan Huygens，一六二九～一六九五年）。

伽利略這個人，我在《給孩子講宇宙》書中已經談到了他，他是第一個發明天文望遠鏡的人。其實，這個人可厲害了，不僅發明了望遠鏡，還

彼得．亨萊因雕像。

是近代科學的鼻祖。為什麼說他是近代科學的鼻祖呢？因為他實實在在地用實驗來驗證很多他對自然現象觀察到的理論。比如說，他發現所有物體向地面下落的速度和它是什麼東西沒有關係。這就和亞里斯多德（Aristotélēs，西元前三八四～前三二二年）的看法完全不同了，也和我們日常看到的不一樣。現在，你手裡拿一顆鐵球和一根羽毛，鬆開手，我們都知道鐵球會先落地，羽毛後落地。伽利略說，假如沒有空氣，鐵球和羽毛會同時落地。當然，那個時代不太好製造真空，伽利略就做了另一個簡單的實驗：在一個斜板放上兩顆大小不一樣的

比薩斜塔。

鐵球，同時鬆開手，兩個鐵球順著斜板向下滾，它們會同時著地。

有一個故事是這麼說的：一五八九年的一天，比薩大學青年數學教師、二十五歲的伽利略，同他的辯論對手及許多人一起來到比薩斜塔。伽利略登上塔頂，將一個重一百磅和一個重一磅的鐵球同時拋下。在眾目睽睽之下，兩個鐵球出乎意料地差不多同時落到地上。面對這個實驗，在場觀看的人個個目瞪口呆，不知所措。伽利略用實驗反駁了他的對手，以及古希臘哲學家亞里斯多德。

這個故事是真的嗎？現在很多人不太相信這個故事，就像我們不太相信蘋果砸到牛頓（Sir Isaac Newton，一六四三～一七二七年）頭上的那個故事一樣。這個故事是伽利略的學生維維亞尼（Vincenzo Viviani，一六二二～一七〇三年）在他的書《伽利略》中提到的，不過，維維亞尼說他自己也是聽別人說的。

說了半天，我們回到擺鐘這件事情上。一座擺鐘，看上去是這樣的：上面是鐘面，下面是鐘擺。鐘擺不停地擺動，鐘就滴滴答答地走了。鐘擺每來回擺動一次，花費的時間是一樣的，這個關鍵事實，就是伽利略發現的。

伽利略十七歲那年，聽從了父親的建議，在比薩大學學醫。第二年，他照規矩去比薩大教堂做禮拜。這在義大利是非常大、非常豪華的教堂，但還是只能使用油燈——那個時候可沒有電燈。吊燈垂掛在空曠的教堂中央，點燈的人不小心碰著，或者是風悄悄吹進來的時候，吊燈就會像鐘擺一樣來回地搖擺。當然，那個時候也還沒有所謂的鐘擺。伽利略在不經意間注意到了這個大家習以為常的現象，他安靜地凝視著空中，留心觀察搖擺的規律。

觀察了一段時間，伽利略發現，不論吊燈擺動的幅度有多大，擺動的時間總是相等的，而懸掛在長度相同的竿子上的燈，來回擺動的時間是一樣的。唯一不同的是，掛在比較短的竿子上的燈，比起掛在較長的竿子上的燈，擺動得快一些。

鐘擺來回擺動一次，花費的時間是一樣的。

伽利略回到家以後，趕緊找來了繩子，把繩子剪成長短不同的許多段，在下端都綁上了砝碼，然後懸吊在天花板上，

伽利略用繩子懸掛砝碼，
吊在天花板上做實驗。

每根繩子便成了一個擺。接著他擺動繩子，使繩子就像教堂裡的吊燈一樣來回擺動。

「天吶，擺動一次所用的時間，跟吊掛物體的重量沒有關係，而是和擺的長度有關係！」伽利略太興奮了，這可是一個重要發現。經過長時間的試驗，伽利略發現：繩子越長，擺動得越慢，擺動一次所需的時間越長；相反地，繩子越短，擺動得越快，擺動一次所需的時間就越短；如果繩子的長短一樣，那麼每次擺動所需要的時間也就一樣。這就是著名的「擺線等時性」，又叫鐘擺定律。

不過，伽利略本人並沒有發明擺鐘。擺鐘的發明，是在伽利略發現鐘擺定律的七十五年後，由荷蘭物理學家、天文學家克里斯蒂安．惠更斯發明的。

惠更斯出生於一六二九年，出生地是荷蘭的海牙。這也是個十分傳奇的人，不僅精通數學和物理，還精通天文學，同時更是一位發明家。荷蘭是一個盛產巧手工匠的國家，小惠更斯十三歲的時候，就發明了一台機

克里斯蒂安．惠更斯。

床。他在二十七歲的時候，則發明了擺鐘。

惠更斯的年紀比牛頓大十四歲，這兩個人有很多相似的地方，他們都對物理學相當痴迷，都沒有受到宗教的迫害，也都自幼體弱多病，而且都終身未婚。雖然我們現在覺得惠更斯沒有牛頓那麼偉大，但是惠更斯在自己的領域內也取得了舉世矚目的成就。他們彼此既有合作也有分歧，他們之間的主要爭論是關於光的。光到底是什麼？牛頓認為光由微粒組成，惠更斯認為光其實是波。當然，如果看過《讀懂量子力學的第一本書》應該就會知道，牛頓和惠更斯各自看到光的一個側面，他們都對，也都不全對。

惠更斯還發明了游絲彈簧手錶，這種手錶和今天我們經常看到的機械錶是不一樣的。不過，英國物理學家羅伯特．虎克（Robert Hooke，一六三五～一七〇三年）也聲稱發明了游絲彈簧手錶，他們之間到底是誰最先發明了游絲彈簧手錶呢？這個爭議一直持續了三百多年，直到二〇〇六年，人們在英國的漢普郡發現了虎克的一本手寫筆記，裡面詳細記錄了游絲彈簧手錶的結構。這麼看來，還是虎克最先發明了游絲彈簧手錶。

儘管伽利略本人並沒有發明擺鐘，但他根據鐘擺定律發明了測量脈搏的脈搏器。

我們說了這麼多測量時間的方法，從日晷到擺鐘，都是比較古老的方法。進入十九世紀，歐洲出現了一批精密製錶的品牌，現在，這些名錶都賣得特別貴。但是，所有這些機械錶在計時方面的精確度，都被現代計時方法遠遠超越。

你們是否思考過，古代測量時間的各種方法中，最根本的道理是什麼呢？地球自轉一周也好，月亮繞地球一周也好，地球繞太陽一周也好，鐘擺來回擺一周也好，我們都假定了每一周的時間是一樣長的。在物理學家眼中，這些運動都是等時運動，人們還為一周的時間發明了一個名詞，就是「週期」。

手錶計時的方式也一樣，比方說，秒針繞錶面跑一圈，就是一分鐘；分針繞錶面跑一圈，就是一小時；而時針繞錶面跑一圈，就是半天。這些大大小小的指針每跑一圈，就是一個週期。

明白了這個道理，我們就可以介紹現代計時的幾種方法了。第一種方法，就是石英錶的計時方法。

那麼，石英錶到底是什麼呢？原來，科學家在二十世紀初就發現，如果將石英製造成一個規規整整的晶體，那麼它就會按照一定週期振動，當然，振動的週期非常非常小。科學家還發現，石英振動起來很穩定，也就是說，即使溫度產生變化，一塊石英的振動變化也還是很小。既然鐘擺可以用來製造鐘，那麼，石英是不是也可以用來製造更加精確的鐘呢？

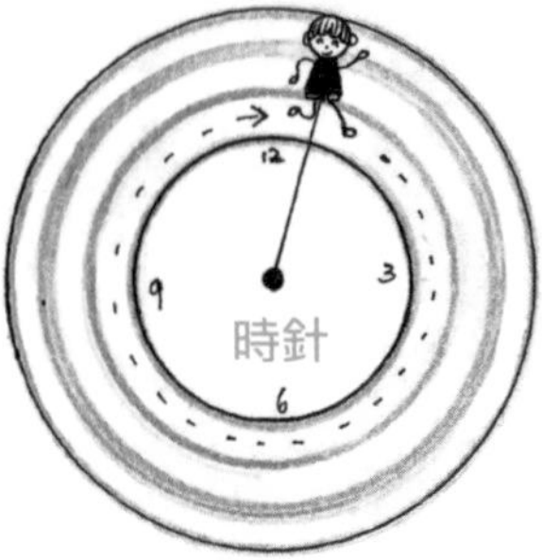

時針繞錶面一圈，
就是半天。

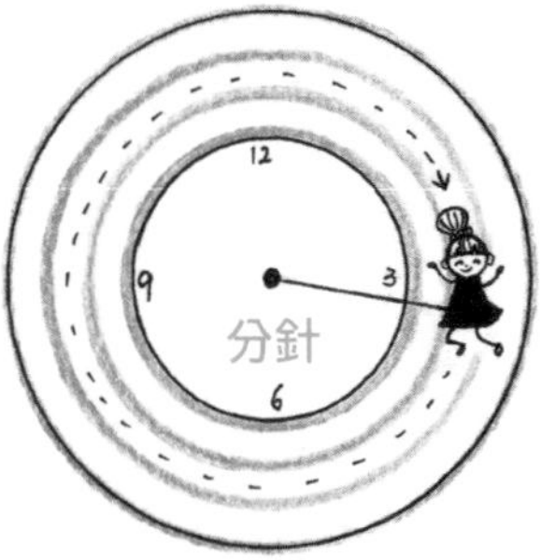

分針繞錶面一圈，
就是一小時。

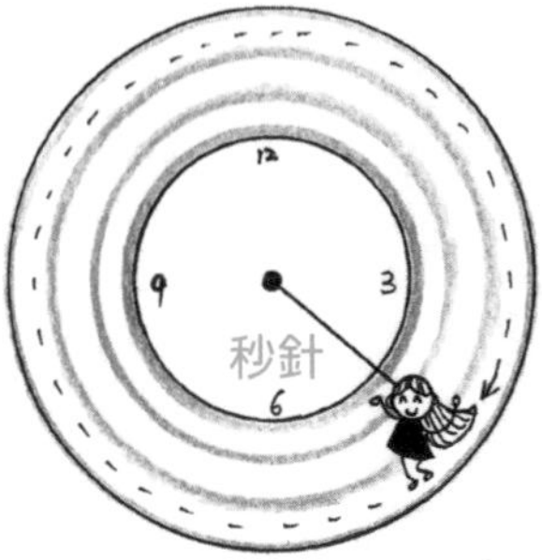

秒針繞錶面一圈，
就是一分鐘。

石英原礦。

要想利用石英來製造鐘，我們還得想辦法將石英的振動轉變成控制鐘走動的信號。這樣，十九世紀的一個重要發現就派上用場了，這就是法國物理學家皮耶．居禮（Pierre Curie，一八五九～一九〇六年）和他的哥哥雅克．居禮（Jacques Curie，一八五六～一九四一年）發現的一個物理現象。這種現象就是，如果給某些晶體施加壓力，這些晶體便會出現電壓，就像一顆電池會產生電壓一樣。現在你想，如果將一顆電池接上電線，就會有電流出現。同樣，一個變形的晶體接上電線，也會產生電流。

到了一九二一年，美國物理學家沃爾特・蓋頓・卡迪（Walter Guyton Cady，一八七四～一九七四年）發明了世界上第一個石英振盪器，也就是利用石英製造出的電流振動裝置。一九二七年，貝爾實驗室開發出第一座石英鐘，準確度達三百年只偏差一秒鐘，此後石英鐘成為全球時間的標準。瑞士人則是等到第二次世界大戰之後才製造出他們的第一個石英鐘，現在收藏在國際鐘錶博物館。

發現壓電晶體現象的居禮兄弟，其中皮耶・居禮得過諾貝爾獎，他的妻子更加有名，就是居禮夫人（Marie Curie，一八六七～一九三四年）。一九〇三年，居禮夫婦和另一位法國物理學家亨利・貝克勒（Henri Becquerel，一八五二～一九〇八年）一起獲得了諾貝爾物理學獎。居禮夫人後來在一九一一年又獲得了諾貝爾化學獎，此時，皮耶・居禮已經因車禍去世五年了。

早期的石英鐘。

在那個時代，有很多科學家和今天的科學家不一樣，並沒有那麼在乎獲獎榮譽。皮耶·居禮就是這樣的一個典型，雖然他發現了壓電現象，還發現了好多其他的重要物理學現象，比如說他和居禮夫人一起發現了兩種新元素，可是他們對外界給予的榮譽並不那麼在意。在他們看來，贈給大人物的勳章和給學校裡小孩們的獎章同樣無用。曾經有一次，法國政府想頒發一枚勳章給皮耶，皮耶是這麼答覆巴黎科學院院長的：「敬請代我感謝部長先生，並請轉告他，我不需要勳章，但我非常需要一個實驗室。」

至於名氣更大的諾貝爾獎，居禮夫婦竟認為教學和研究比參加授獎典禮更為重要。結果，法國駐瑞典大使代表居禮夫婦從瑞典國王手中領取了獎章。關於金錢，居禮夫婦更是毫不在意。他們拒絕為自己的任何發現申請專利，為的是讓每個人都能自由地利用他們的發現。他們甚至還把諾貝爾獎金和其他獎金都用到了科學研究之中。

回到石英鐘和石英錶，我們買到的石英錶，裡頭的石英每振動一次需要多少時間呢？這個回答與今天電腦採用的二進制有關。在日常生活裡，

視研究比獎章更重要的居禮夫婦。

我們用十進制。什麼意思呢?就是用從0、1一直到9這10個數字來表達任何一個數字。拿整數來說,10就是由1和0組成,這是我們數到9時再向上數的結果,將個位數進到十位數。同樣,我們數到99再向上數,就用100來表示了。

在二進制中,任何數字只用兩個數字來表達,就是0和1。例如,當我們數到1再向上數時,不用2,而是用10。

二進制在電路中非常好用,因為開關關起來可以0代表,開了可以1代表。這樣,我們就希望石英晶體的振動頻率,也就是每秒鐘振動的次數,可以由二進制表達。日常用到石英鐘的石英,一秒鐘振動三萬兩千七百六十八次,因為三萬兩千七百六十八這個數字是用二連續乘十五次的結果。一個石英振盪器長什麼樣子?下頁就是一個典型的石英振盪器,看起來像一個叉子,音叉也是這個樣子的。當然,這個叉子的振動頻率就是每秒三萬兩千七百六十八次。我們用的手機裡也有這麼一個石英振盪器,只不過,那個看起來像叉子的東西被一個套子套起來了。

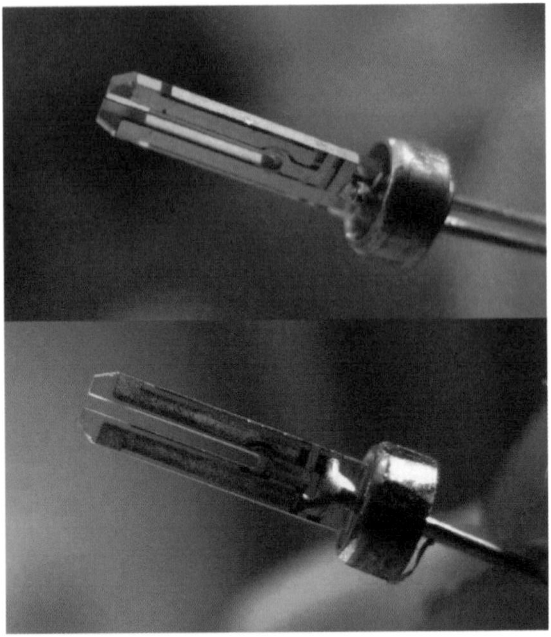
看起來像叉子的石英震盪器。

可是，當我們說每秒三萬兩千七百六十八次的時候會覺得拗口，一個更好的說法是三萬兩千七百六十八赫茲，赫茲就是頻率的單位，每秒一次叫一赫茲，每秒兩次叫二赫茲，依此類推。

赫茲（Heinrich Hertz，一八五七～一八九四年）其實是個人名，他是德國物理學家。為什麼頻率用他的姓命名呢？這是因為赫茲是第一個製造出人工電磁波，也是第一個探測到電磁波的人。電磁波是電磁場的波動，自然也有頻率。我們是怎麼定義電磁波的頻率的呢？大家都看過河裡的水波吧，如果我們盯著水面一個固定的地方看，水面會上下振動，這種振動也有固定的週期和頻率。同樣的，既然電磁波是電磁場的波動，自然也有週期和頻率了。

在赫茲之前，還有一位厲害的蘇格蘭物理學家，他的名字叫馬克士威（James Clerk Maxwell，一八三一～一八七九年），就是他預言了電磁波。馬克士威只活了四十八歲，在一八七九年就去世了，可惜的是，他沒能夠看到赫茲在一八八八年探測到電磁波，否則，不知道會高興成什麼樣子。要知道，在他以前，物理學家研究電和磁，總結出來的規律就是電荷如何產生電場，磁鐵如何產生磁場。只有法拉第（Michael Faraday，一七九一～一八六七年）大膽地拿一塊磁鐵穿過一個金屬線圈，然後發現線圈裡居然出現了電流！他很快推斷，穿過線圈的磁鐵產生了電場，該電場在金屬線圈裡產生了電流。這個發現很了不起，因為大家本來以為磁鐵只會產生吸引鐵這種金屬的磁場，原來磁鐵還會產生電場。後來，法拉第用這個了不起的發現製造了第一台發電機。現在，除了發電機之外，電動馬達也和這個發現有關。

那麼，馬克士威是怎麼預言電磁波的呢？馬克士威雖然也擅長做實驗，但卻不如法拉第。他就想，關於電和磁的實驗可能都被前輩做完了，我不如給各種電磁現象發明一個力學解釋，於是他就開始研究以太，他認為電場和磁場無非是以太的變化造成的。在他看來，以太就是一種我們看不見的材料。就這樣，藉助這種看不見摸不著的東西，他將過去所有的電磁現象都用材料給解釋了。馬克士威的動手能力雖然不如法拉第，但是他的數學能力特別好。就這樣，他從三十一歲開始研究以太，到三十四歲建立了一組方程式，可是他發現，他的方程式預言了一種新的現象：存在電磁波，而且電磁波的傳播速度和當時測到的光速是一樣的！因此他大膽地推測，光也是一種電磁波。

馬克士威在物理學中的地位特別崇高，高到什麼程度呢？一九三一年，在馬克士威一百周年誕辰的時候，愛因斯坦說，他是牛頓以來對基礎科學貢獻最大的人。如果我們算上愛因斯坦本人，馬克士威應該是排在牛頓和愛因斯坦後面的第三人。

馬克士威能夠做出這麼了不起的發現，當然是因為他從小就很用功。他上中學的時候，經常給老師出難題。據說有一次，他發現一位老師寫的公式有錯誤，立即站起來報告。老師不僅很有自信，還挖苦他說：「如果是你對了，我就把它叫作馬氏公式。」後來老師回家一驗算，果然是馬克士威對了。

關於電磁波的故事我們就講到這裡。可能你會好奇，怎麼講時鐘，講著講著講了很多電磁波呢？因為現代最精確的時鐘已不再是石英鐘，而是原子鐘，原子鐘的出現，當然離不開電磁波了。前面說到，貝爾實驗室製造出來的第一座石英鐘走三百年才差了一秒鐘，也就是差不多十萬天出現一秒鐘誤差。對我們普通人來說，這種精度太高了，但是原子鐘的精度還要更高，可以高到每十億天才會出現一秒鐘的誤差。

可能你會問，這麼精密的時鐘用來做什麼呢？我們現在開車、手機定位等等的，都會用到GPS，也就是全球定位系統，這是美國空軍太空司令部提供的服務。GPS是怎麼確定你的位置？答案是藉由四顆以上的衛星做到的。這些衛星上都有時鐘，這些時鐘必須非常精確，同時還必須互相校準，如果校不準，它們收到信號時，就無法判定其他衛星是什麼時候發出信號的。因為信號就是電磁波，電磁波的速度很快很快，達到每秒三十萬公里，也就是三億公尺，換算一下，如果時鐘差了一千萬分之一秒，信號就差了三十公尺。再想想看，當你用手機地圖定位時，三十公尺，那可真是不小的誤差啊。

所以，若要GPS的定位準確，就必須用到原子鐘，石英鐘是遠遠不夠的。當然，科學家的一些科學研究也需要非常準確的原子鐘。

原子鐘為什麼會準確呢？這當然是因為原子輻射電磁波的穩定性。前面說了，電磁波也是有頻率的，如果我們將電磁波的頻率穩定下來，這種電磁波就可以被應用在時鐘的設計上了，這和鐘擺、石英振動都是同樣的道理。

大家應該知道，我們看到的物體顏色是物體反射光的顏色，同樣的，燒紅的鐵，發出的顏色也是光。這些光是哪裡來的？就是物體內部原子發出的光。光是一種電磁波，所有原子都會發出不同種類的電磁波。通常，原子在物體中發出電磁波的頻率不太固定，這是因為不同的原子處於不同的狀態。這有點像我們說話，不同的人，說話的音調是不一樣的。

如果我們希望得到和原子輻射頻率很相近的電磁波，就需要將原子調到非常接近的狀態，如何做到這一點呢？早在一九四五年，美國物理學家伊西多．拉比（Isidor Isaac Rabi，一八九八～一九八八年）就注意到，將一些原子放在一種容器裡，同時讓容器充滿一種微波電磁波（就是微波爐裡的那種微波），如果我們調節微波電磁波的頻率，使得這些原子吸收和發出的電磁波和微波一樣，就可以讓這些原子的狀態保持一致。這種方法看上去不太容易理解，現在我打個比方大家就容易理解了：學生們在操場上跑步時，大家的步伐通常都會不整齊，如果有一位老師在一旁吹哨子，學生們便可以根據哨音來調整步伐，很快的，大家的步伐就會變得很整齊了。

就像用哨音調整步伐，調節微波電磁波的頻率，可以試著讓原子的狀態保持一致。

拉比自己並沒有用這個想法發明出原子鐘，過了四年，第一座原子鐘才被發明出來，但這座原子鐘並沒有比當時最準確的石英鐘更準。第一座準確度超過石英鐘的原子鐘是在一九五五年製造出來的，製造人是兩位在英國國家物理實驗室工作的物理學家，裡面用到的原子是銫原子。下頁的圖，就是兩位發明人站在第一座準確的原子鐘旁。

這座原子鐘看上去有點

第一座準確度超過石英鐘的原子鐘以及其發明者。

太大，如果將它放在GPS的衛星上可能不太合適。不過，現在的原子鐘已經可以做得很小了，甚至可以只有一小塊晶片那麼大。

在這一講裡面，我和大家談了古往今來幾個重要的計時工具。隨著科學的發展，我可以斷言，人類還會不斷地發明出更加精確的計時工具，原子鐘應該不會是最後一種。

延伸閱讀

1. 天文學家是最早記錄時間的人，他們要制定曆法，除了我們在正文裡說到的陰曆和陽曆，還有陰陽曆。陰陽曆的名字正是要告訴我們，這種曆法既照顧了月亮繞行地球的週期，也照顧了地球繞行太陽的週期。而我們通常所使用的農曆，就是一種陰陽曆。

2. 古人發明的二十四節氣非常重要，因為它不僅指導農民根據節氣來種地，還告訴我們日常生活中的冷暖變化，以及動物如何根據節氣改變行為。我們知道，地球繞太陽一圈就是轉了三百六十度，三百六十除以二十四，就是十五，也就是說，地球繞太陽每走十五度，就過了一個節氣。

3. 我們知道，恆星因為離我們遠，基本上是不動的（扣掉地球自轉的效果）。太陽比較近，站在地球上來看，好像是太陽繞地球轉。古代人為了研究太陽相對於地球的運轉，專門發明了黃道。每到一個節氣，太陽在黃道上就到了一個點。

4. 古巴比倫人將黃道分成十二等分，每一等分是三十度。在每個三十度範圍內，就有一個星座，這些星座叫「黃道十二宮」。現在我們常說的你是什麼星座，就是根據出生那一天，太陽和什麼星座吻合而判定的。有白羊座、金牛座等十二星座。

5. 現在我們知道了，西方有黃道十二宮，中國有二十四節氣。中國原來的二十四節氣，嚴格來說，並不是黃道上的二十四等分。到了明末清初，傳教士湯若望和徐光啟根據隋唐就傳入中國，但未被重視的黃道十二宮的劃分辦法，以春分點為起點，太陽在黃道上每轉過十五度，即為一個節氣。

6. 日晷雖然是一種不錯的計時工具，但畢竟需要太陽，因此，中國古代就出現了水漏。一個好的水漏，還要解決隨著水變少，水體漏出速度會改變的問題。聰明的古人就發明了用幾只壺來製造水漏，下面的壺水少了，上面的水就來補充。

7. 二十世紀的八〇年代，我在中國科學技術大學讀研究所的時候，有一位同學專門研究中國古代計時工具。為了複製水漏，他特地做了一個大木桶放在當時的洗漱間。那時，合肥的夏天特別熱，我們還跳進那個大木桶中泡冷水。

8. 由於水的體積會隨著溫度變化而改變，自然也會影響水流速度。到了元代，出現了一種沙漏。沙子流出的時候，會推動一組齒輪，最終推動指針，這就很像近代的機械鐘了。

9. 惠更斯不僅發明了單擺鐘，他還發現了單擺擺動一個來回的週期的公式，在這個公式中，單擺的週期與擺錘的重量無關，只與單擺的長度以及地球的重力加速度有關。

10. 也許你們當中有些人聽說過卡西尼－惠更斯號土星探測計畫。為什麼計畫會以卡西尼－惠更斯命名呢？因為卡西尼是發現土星環有縫隙的人，而惠更斯發現了土星最大的衛星「土衛六」。心靈手巧的惠更斯除了發明擺鐘，也會自己磨製望遠鏡中的透鏡。

11. 其實，我們前面提到的內容，都不是惠更斯對科學最大的貢獻，他最大的貢獻是提出「光其實是波」，直接和牛頓槓上。可惜，惠更斯在世的時候，牛頓已經成了擁有壓倒性聲勢的大科學家，沒有幾個人相信惠更斯。但是，惠更斯的光波說對後世的影響更大，例如，正是因為光是波，馬克士威才預言光就是電磁波。如果說馬克士威是牛頓之後、愛因斯坦之前最偉大的物理學家，我們也可以說惠更斯是介於伽利略和牛頓之間，最偉大的物理學家。

12. 機械鐘是在明代傳入中國的，那個時候叫自鳴鐘。例如一五八二年，義大利人利瑪竇來中國傳教，就帶來了自鳴鐘。一六〇一年，利瑪竇到北京給明朝的萬曆皇帝獻上自鳴鐘，萬曆皇帝花了很多錢特別造了鐘樓。

13. 到了清朝康熙年間，中國人就會自己造機械鐘了。現在去故宮的鐘錶館參觀，裡面的部分鐘錶就是中國人自己製造的。

14. 利瑪竇在中國傳播了西方的科學，例如，他和中國的大科學家徐光啟一道翻譯了古希臘數學家歐幾里得的《幾何原本》。

15. 馬克士威在一八七九年去世，距離赫茲發現電磁波還有九年，他去世的時候只有四十八歲。赫茲的壽命更短，只活了三十七歲，他發現電磁波的時候是三十一歲。赫茲也很可惜，他在一八九四年去世，沒有等到義大利工程師古列爾莫·馬可尼（Guglielmo Marconi，一八七四～一九三七年）在三年後利用電磁波發明無線電。

16. 我在正文中說到了第一座比石英鐘更精確的原子鐘，裡面的原子是銫原子，更加準確地說，是銫－133，133的意思是：這種原子的重量大約是氫原子的133倍。

17. 銫－133會發射出一種微波，頻率是九十一億九千兩百六十三萬一千七百七十赫茲，也就是說，它在一秒鐘內能夠振動九十一億九千兩百六十三萬一千七百七十次。聰明的你可能會問了，在原子鐘出現之前，我們怎麼能將頻率測得這麼準？畢竟測量頻率就是測量很小的時間間隔。問得真好，其實，這個頻率是科學家在一九六七年規定的。他們說，讓我們這樣來定義一秒鐘，也就是銫－133發出的微波振動了九十一億九千兩百六十三萬一千七百七十次的時間。

18. 科學家利用原子重新定義了秒，這樣一來，時間就比用擺鐘或者石英鐘計量更準確了。同樣，科學家還規定了光速是每秒二億九千九百七十九萬兩千四百五十八公尺，這樣，公尺就是光在二億九千九百七十九萬兩千四百五十八分之一秒鐘跑動的距離。這樣定義出來的公尺當然比用尺定義準確多了，因為尺的大小會隨溫度等條件變化而變化。

19. 二〇一〇年二月，美國國家標準局研製的鋁離子光鐘，精度達到三十七億年誤差不超過一秒，是世界上最準的原子鐘。

20. 將來，如果條件允許，我們的手機或者其他什麼新的可以拿在手裡的設備，裡頭可能會出現原子鐘。當然，我還沒有想出普通人為什麼要攜帶原子鐘的理由。

第二講

時間箭頭是怎麼回事？

在《哈利波特》裡的魔法棒是一種非常神奇的東西，比如說，有一次鄧不利多校長帶著哈利波特去找一個變成沙發的朋友，看到亂糟糟的房間，用魔法棒一揮，房間頓時被整理得乾乾淨淨。又有一次，哈利波特用魔法棒指著一灘水，那灘水很快就結成了冰。

儘管我們會相信魔法故事裡這種神奇的事情，但現實生活裡會出現這些事嗎？我的答案是，根本不可能。比如說，我們現在都是手機一族，不論大人還是小孩，沒事就捧著手機。和手機搭配的耳機線，便經常給我們帶來不愉快的麻煩：我們將整理得好好的耳機線放在口袋裡，可是若沒有意外，每次從口袋裡掏出耳機，它又會變得亂糟糟的。

你有沒有見過這種事情發生：一團亂麻一樣的耳機線放進口袋裡，掏出來的時候變整齊了？我跟你打一塊錢的賭，你絕對沒有見過這種事情。同樣，一個亂糟糟的房間，如果我們不去耐心地慢慢整理，才不可能用魔法棒一揮，就會變得整整齊齊的。那你會問，魔法棒指一下水，它會結成冰嗎？回答是，永遠不會。原因是什麼？因為冰和水比起來，就像整齊的房間和亂糟糟的房間比起來一樣。我們慢慢談這個回答後面的道理。

原本有條理的東西會變得亂糟糟，而亂糟糟的東西不會變得有條理，這是我們這個世界的一個根本規律。再舉個例子，一只杯子掉到地上，水灑出來並滲入地板裡了，杯子也碎了。但我們從來沒有見過相反倒帶的情況，杯子的碎片會自動合攏成一個完整的杯子，地板裡的水跑回來，再跳進杯子，然後杯子從地板上跳到桌子上。這意味著什麼？這意味著我們這個世界是一部電影，它從來都是向著一個方向放映，而不能倒著放映，也就是說，時間有一個箭頭。

其實，中國古人早就注意到這個現象，成語「覆水難收」講的就是這個現象。這個成語來自漢代的一個故事，漢景帝的時候，有一個窮書生叫朱買臣，娶了個妻子崔氏，他平時除了讀書就是砍柴。後來崔氏實在受不了貧窮的生活，要和朱買臣離婚，朱買臣沒有辦法，只好離婚了。後來漢景帝的兒子漢武帝即位，過沒幾年，朱買臣獲得漢武帝賞識，做了會稽太守。崔氏得知這個消息，蓬頭垢面地跑到朱買臣面前，請求他允許自己回到朱家。朱買臣讓人端來一盆清水潑在馬前，告訴崔氏，若能將潑在地上的水收回盆中，他就答應讓她回來。當然，這件事是做不到的。

但是，要在很久很久以後，物理學家才找到這個道理背後的根本原因。發現根本原因是一個複雜的過程，有很多故事，我們先講發現這個根本原因的人。這個人就是奧地利物理學家路德維希・波茲曼（Ludwig Eduard Boltzmann，一八四四～一九〇六年）。

要理解波茲曼發現的道理並不難。首先，你先準備一個盒子，再拿兩個玻璃球。將盒子隔成兩半，你閉起眼睛，將玻璃球一顆一顆扔進盒子裡。現在，要求你將兩顆玻璃球都扔進左邊那個盒子，你會發現，儘管這可以做到，但平均下來，每做四次才可能成功一次。原因很簡單，兩個玻璃球都在左邊是一種可能，兩個玻璃球都在右邊是一種可能，但還有兩個可能是兩個玻璃球一個在左邊一個在右邊：

你會發現，閉著眼睛把玻璃球都扔進同一邊，將越來越難。

一、第一個玻璃球在左邊，第二個玻璃球在右邊；

二、第一個玻璃球在右邊，第二個玻璃球在左邊。

我們再繼續做這個實驗，現在，玻璃球越來越多，要求你閉起眼睛將所有玻璃球都扔進左邊，你會發現越來越難。原因很簡單，所有玻璃球都扔進左邊只有一種可能，而有很多很多可能是玻璃球亂七八糟地分布在兩邊。

你看，相較於玻璃球亂七八糟地分布，玻璃球同時在一邊看上去更整齊，而越整齊的情況越難做到。這個道理說起來非常簡單，但是我們可以用這個道理解釋前面提到的耳機線問題：相對於耳機線亂七八糟的樣子，耳機線被整理得有條有理比較罕見。

那麼，波茲曼是怎麼解釋其他問題，比如說「覆水難收」呢？波茲曼說，任何物體都是由分子構成的，而分子就像我們剛剛做實驗的玻璃球。當分子排列得整齊時，我們將這種情況叫作「有序」，而當分子排列得亂七八糟時，我們將這種情況叫作「無序」。相對於無序，有序的可能性更小，所以不容易做到。他說，任何物體一定是從「有序」變成「無序」，而不是相反，因為「無序」發生的機率總是更高的。他的這種理論叫統計力學，是建立在大量的原子和分子的統計基礎上的。

這麼簡單的道理，我們現在很容易接受。可是，波茲曼卻因為當時很多科學家不接受他的理論而自殺了。

今天，我們都覺得物質是由分子和原子構成的，這已經是常識了，但在波茲曼的時代，原子論只是古希臘人的一種哲學，這種哲學因為沒有直接證據，根本不被大家接受。科學的好處在於，科學的一切假說都必須有實驗來支持。但這個觀點有時也有很大的缺陷，就是很多科學家會被當時的實驗限制，不敢大膽地提出假說。原子和分子真實存在的第一個證據和愛因斯坦有關，我們後面會談一下這個證據。

儘管波茲曼非常成功地用分子和原子假說解釋了不少重要的物理現象，同時也得到了大學的教職，卻因為別的科學家拒絕接受他的理論，一生都很不快樂。對他打擊最大的是，當時最重要的科學家兼哲學家恩斯特．馬赫（Ernst Mach，一八三八～一九一六年），支持一位比波茲曼年輕的德國物理化學家威廉．奧斯特瓦爾德（Friedrich Wilhelm Ostwald，一八五三～一九三二年）。奧斯特瓦爾德是一位很有成就的化學家，後來還在一九〇九年獲得了諾貝爾化學獎。可見，不論是馬赫還是奧斯特瓦爾德，在當時的影響力都很大，他們都一致反對波茲曼的原子論。

他們為什麼會激烈反對原子論呢？因為當時有一種哲學觀點特別流行，就是認為所有物質都是由能量構成的，並不存在什麼原子和分子，這種觀點叫「唯能論」。我們在上一講中談到赫茲發現了電磁波，這個發現讓很多科學家認為：物質和電磁波一樣，都是連續的能量。而原子和分子，一來我們看不見，二來都是一個一個的，不是連續的，所以不可信。

波茲曼五十歲以後，一直和馬赫及以奧斯特瓦爾德為代表的唯能論辯論，後者的勢力非常強大，而且還以哲學為背景。為了駁倒唯能論，波茲曼甚至自己去研究哲學，也成了哲學家。波茲曼還做了妥協，他說，可以將原子和分子看成一種有用但不真實的模型，這樣他對物理現象的統計力學解釋就成立了。但是，還是有很多人反對他。

到了一九〇四年，情況變得對波茲曼更加不利了，那時他已經六十歲了。那一年，在美國聖路易斯舉辦了一個物理學會議，參加這個會議的很多物理學家反對原子論，波茲曼甚至沒有被邀請參加這個會議的物理學部

認真的波茲曼為了駁倒唯能論，
甚至還成為哲學家。

波茲曼之墓。

分，他只參加了一個叫「應用數學」的部分。一九〇六年，波茲曼精神崩潰了，他辭掉了教授職位，在杜伊諾城堡中上吊自殺。

上面這張圖片是波茲曼的墓地，他的雕像上方寫著波茲曼發現的最重要的公式，公式左邊那個S，代表了一個非常重要的物理量，叫作熵。接下來，我們就來談談關於熵的故事。

首先，什麼是熵？這個名詞看起來也挺怪的，我先給大家解釋一下。我們前面說了，很多有秩序的系統，往往會變成無秩序，比如耳機線。熵這個物理量，就是用來衡量一個系統無秩序的程度的。我們前面看到了一些例子，例如往盒子裡丟了很多玻璃球，玻璃球傾向於越來越均勻地分布在盒子裡，而不是只待在盒子的一邊，更不會待在盒子其中一個小角落，因為玻璃球均勻地分布在盒子裡，會表現得最混亂、最無序。我們就說，當玻璃球均勻地分布在盒子裡的時候，熵最大。熵總是增大，或至少不會變小，在物理學中被叫作「熱力學第二定律」。

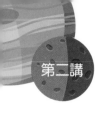

儘管藉由目前我為大家做的解釋，我們已經能夠接受熵這個概念，以及一個系統總是從熵小的狀態變成熵大的狀態，但是，提出熵這個概念，並不是一件簡單輕鬆的過程。熵當然不是波茲曼發現的，他只是發現了關於熵的一個公式。那麼，誰是第一個提出熵這個概念的人？

十九世紀上半葉，有一個德國人名叫魯道夫．克勞修斯（Rudolf Julius Emanuel Clausius，一八二二～一八八八年），一直在研究當時已經被發明出來的一些蒸汽機效率，他和比他更早的一些人同樣都發現，這些蒸汽機不會百分百地將蒸汽的能量變成推動機器的能量，這是為什麼呢？他從小

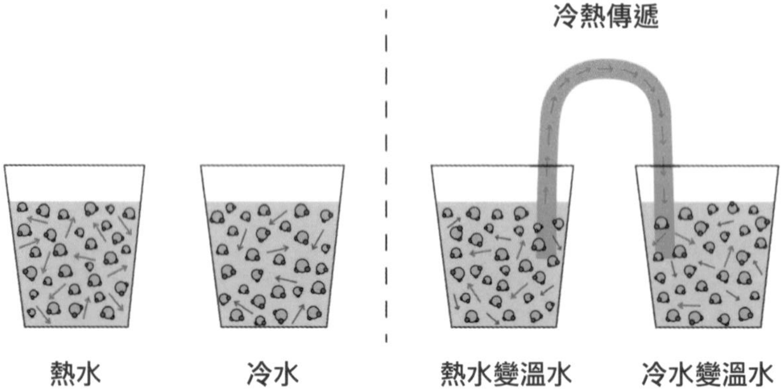

熱量會從溫度高的水，傳到溫度低的水。

時候就熟悉的一個小實驗開始思考。那個小實驗特別簡單，不是別的，就是上圖所演示的實驗。

在這張圖中有兩杯水，我們用一個可以導熱的U形銅片將兩杯水連接起來。假設在一開始，左邊那杯水的溫度比右邊那杯水的溫度高。過一段時間，我們再去量水溫，就會發現左邊較高的水溫降低了，而右邊較低的水溫變高了。也就是說，熱量從溫度高的水傳到溫度

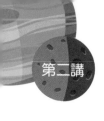

低的水了。我們永遠不會看到相反的過程，也就是溫度高的水溫度變得越來越高，而溫度低的水溫度變得越來越低。

這個簡單的實驗，是一門叫作熱力學的學問基礎。克勞修斯小的時候，就注意到這個司空見慣的現象，而且還深思過，這到底是怎麼回事呢？現在，他已經長大了，面臨一個更加複雜的問題，蒸汽機為什麼不可能達到百分之百的效率？回想起小時候就思考過的問題，他靈機一動，也許，熱量從溫度高的地方向溫度低的地方流動，代表著某種

克勞修斯。

混亂度的提高，那麼，乾脆將這種混亂度叫作熵。

當然，他必須提出一個嚴格的公式來計算熵。這個公式其實很簡單，在克勞修斯看來，一個系統熵的變化就是它得到的熱量除以溫度。這樣一來，我們就可以很簡單地解釋熱量為什麼總是從溫度高的地方向溫度低的地方流動了，因為在這個過程中，溫度低的地方，「熵的增加」要比溫度高的地方「熵的減少」來得大，這樣加起來，整個系統的熵就變大了。

於是，克勞修斯就在他的文章中定義了熵，還表述了熱力學第二定律：一個系統的熵不會減少，往往是變大。當然，克勞修斯在那個時候還沒有找到熱力學第二定律和蒸汽機的關係。但是，他已經覺得他離解釋蒸汽機效率問題很近了。

不過，我們需要強調一下，克勞修斯用來定義熵的溫度，不是我們通常用的攝氏溫度，而是一種叫絕對溫度的溫度，這種溫度是英國物理學家克耳文（William Thomson，一八二四～一九〇七年）提出來的。

在克勞修斯提出熵和熱力學第二定律之前，更年輕的克耳文就發現，任何物體的溫度都不可能無限制地降低，而是存在一個最低溫度，他將這個最低溫度稱為「絕對零度」。這個溫度有多低呢？比水結冰的溫度還要低差不多攝氏二百七十三度。也就是說，無論冬天有多冷，溫度也不可能比零下二百七十三度更冷。這是一個了不起的發現。

比這個發現更加了不起的，是在克勞修斯提出熱力學第二定律的第二年，克耳文就發現，熱力學第二定律可以用來解釋為什麼蒸汽機不可能將所有的熱量都轉化成推動機器的能量。他的發現後來被稱為熱力學第二定律的第二種表述：我們不可能將任何一個帶有溫度的物體中的熱量提出來，全部變成推動汽車運動的簡單的動能。

這麼看來，克耳文這個對熱力學第二定律的表達與克勞修斯的表達完全不同。現在，我用偉大的波茲曼的統計力學來解釋一下，你就會覺得確實很簡單。

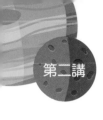

在波茲曼看來，熵不過是一個物體中，分子及原子運動的混亂度，溫度越高的物體，裡面的分子原子運動速度越高，混亂度也就越高，這是溫

熱傳導示意圖。

度高的物體熵也高的原因。現在，我們重新看熱傳導過程。溫度高的部分中，分子及原子會將它們的能量透過碰撞，傳給溫度低的部分中的分子及原子，這樣一來，溫度高的部分溫度會降低，而溫度低的部分溫度就會升高。就這樣，波茲曼的統計力學輕輕鬆鬆地解釋了克勞修斯的熱力學

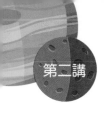

第二定律。

再看統計力學是怎麼解釋熱力學第二定律的克耳文論述。假如我們可以將一個物體中的熱量轉化成一部汽車的能量，在波茲曼看來，物體中的分子原子的混亂度降低了，也就是說，熵變小了。但是，一部汽車不論是運動還是不運動，混亂度都是一樣的。熵變小，怎麼可能呢？

從熱力學第二定律的說法來看，就是時間有一個箭頭，未來，熵只會越來越大。換句話說，我們只能看到熱量從溫度高的地方向溫度低的地方傳導，而不會看到相反的過程。現在，我們完全理解了「覆水難收」，因為，當一盆水滲到地板裡的時候，那些水分子變得更加混亂了。

現在回頭再說說克耳文。在他指出任何物體的最低溫度是絕對零度的時候，他的名字可不叫克耳文，而叫威廉・湯姆遜。威廉・湯姆遜出生於一八二四年，二十四歲就提出了絕對零度的想法，二十七歲時，僅僅比克勞修斯晚了一年提出熱力學第二定律。他還有很多其他發現，比如測量地球的年齡。正由於克耳文在科學上的許多貢獻，他在四十二歲的時候被英

克耳文。

國政府封為爵士，六十八歲又被晉升為克耳文勳爵。現在，已經沒有什麼人知道威廉．湯姆遜這個名字了，但克耳文卻是大名鼎鼎。另外，絕對溫度的單位也叫克耳文。

我在這一講開頭談到《哈利波特》中魔法棒的神奇之處，魔法棒之所以顯得神奇，就是因為它能做到的事情，在現實世界中不會發生。魔法棒一指，髒亂的房間馬上變得整整齊齊，這不可能，因為熵不會變小。那麼，魔法棒能不能將一灘水變成冰？當然不能，為什麼呢？因為水在液態狀態下的熵，比在結冰狀態的熵要來得大，熱力學第二定律不允許這種事情發生。另外，水變成冰的時候要釋放熱量，這些熱量只能流動到水的外部。但既然本來水並沒有結冰，說明外部的溫度不比水的溫度低，熱量怎麼會流出去？

同樣的，我們現在也知道了水會結成冰的原因，那就是空氣本身的溫度降低了，低到比水變成冰的要求要低，這就是我們平時熟悉的攝氏零度。空氣溫度降到攝氏零度以下，水裡面的熱量才會釋放到空氣中去。

雖然我們用波茲曼的觀點很容易解釋熱力學第二定律，也就是說，時間只會向一個方向消逝，未來和過去是不一樣的，熱量只會從溫度高的地方向溫度低的地方流動，不存在《哈利波特》電影中魔法棒一指水就結成冰的狀況。可是，在波茲曼活著的時候，還沒有原子分子存在的證據，所以波茲曼活得很辛苦，最後不得不在一九〇六年結束自己的生命。

是誰第一個找到原子分子存在的證據呢？又是愛因斯坦。愛因斯坦在發表狹義相對論的那一年，還發表了三篇關於布朗運動的論文，其中第一篇論文的題目乾脆就叫《分子大小的新測定法》。什麼叫布朗運動呢，給

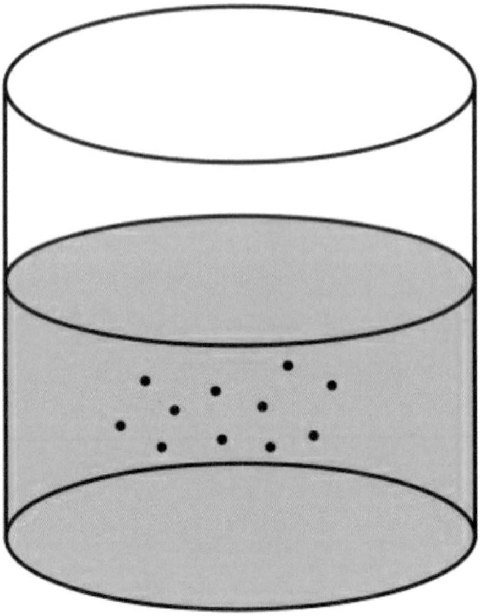

水裡面有一些肉眼看不見的微小顆粒，會遭到水分子的撞擊。

大家看一張圖。

這是一杯水，水裡面有一些微小的顆粒，其實是肉眼看不見的顆粒。一八二七年，五十四歲的蘇格蘭植物學家布朗（Robert Brown，一七七三～一八五八年）午睡後醒來，想起上午做的一個實驗還沒有做完。那天上午，他將一些花粉撒到一杯水裡，等這些花粉慢慢溶進水裡，就去做其他事情了。後來，他想起了那杯水，於是拿起顯微鏡觀察水裡的花粉。這些花粉特別小，只有幾微米[1]，不用顯微鏡是看不到的。他看到的景象讓他大吃一驚，原來這些花粉不但沒有沉到杯底，還在水裡到處亂動，一直不停地運動。這個發現後來被命名為「布朗運動」。

但好幾十年過去了，沒有人找到花粉運動的祕密，直到愛因斯坦在一九〇五年發表了他對布朗運動的解釋。他說，一個像花粉一樣的小顆粒浮在水裡時，它的四面八方都會遭到水分子的撞擊。由於水分子在每個時刻前後左右撞擊的次數不一樣，以及每個撞擊的水分子的速度也不一樣，就會產生一個隨機的力，驅使花粉在水裡不停地運動，但運動的方向是亂七八糟的。愛因斯坦提供了一個方法，如果你能測量出花粉隨著時間運動的距離，你就能測量一個非常重要的量，這個量叫亞佛加厥常數。那麼，

1 編按：一公尺的一百萬分之一。

亞佛加厥常數又是什麼？如果我們假定任何物體都是由分子原子構成的，比方說，氫氣是由氫分子構成的，那麼二克氫氣中含有的氫分子個數就叫亞佛加厥常數。

愛因斯坦說，任何液體，比如說水，也是由分子構成的。那麼，花粉在水裡運動，既和有多少水分子有關，也和水分子的平均速度有關。分子的速度又和溫度有關，這樣，如果你測出了水的溫度以及花粉是怎麼運動的，就可以倒推出水裡有多少分子。既然你都能測出有多少分子了，分子當然也就存在啦。當然，這種方法不是直接看到分子的辦法，是一種間接的辦法。比愛因斯坦稍稍晚一點，波蘭物理學家斯莫魯霍夫斯基（Marian Smoluchowski，一八七二～一九一七年）也發表了同樣的理論。

儘管愛因斯坦在一九〇五年就發表了布朗運動的理論，但直到一九〇八年，法國物理學家皮蘭（Jean Baptiste Perrin，一八七〇～一九四二年）才經由細心的實驗將亞佛加厥常數測出來，這個時候距波茲曼自殺已經有兩年時間了。皮蘭測出來的亞佛加厥常數是六千萬億個億。一九二六年，

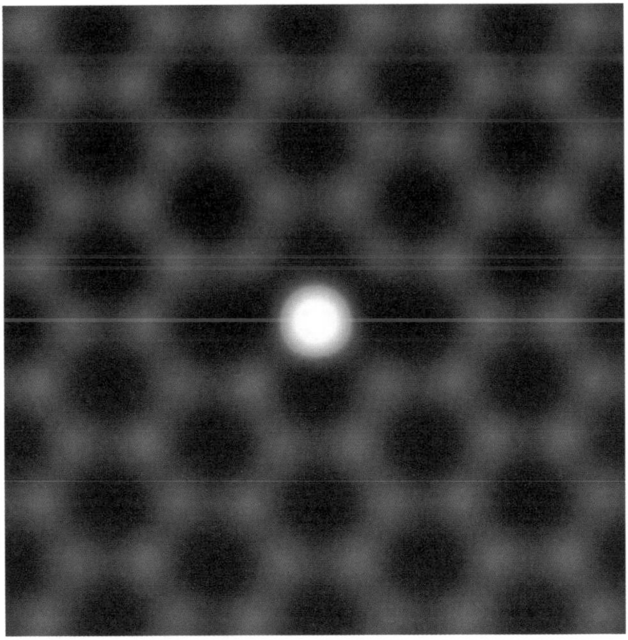

電子顯微鏡下的原子。

皮蘭因為布朗運動的實驗，獲得了諾貝爾物理學獎。

當然，今天我們的電子顯微鏡已經強大到可以直接看到原子和分子了，比如上面這張圖就是電子顯微鏡下的一種材料，我們可以清楚地看到原子。

回到時間箭頭這個話題上來。自從波茲曼用統計的觀點解釋了熱力學第二定律之後，物理學家其實就開始為另一個問題焦慮，是什麼問題呢？

要解釋這個問題，我們得先給大家前情提要，儘管在自然界中，我們看到的所有物理過程基本上都沒有反向的過程，但是，如果我們將所有的過程拍成電影，然後倒帶，物理學家發現，其實在這些不可能的過程中，物理學定律照樣成立。那麼，物理學定律照樣成立的這些過程，例如熱量從溫度低的地方流向溫度高的地方，為什麼沒有在自然界中發生呢？這就是物理學家焦慮的問題。

仔細一想，其實問題是這樣的：在反向放映的過程中，一個系統總是從更加混亂的狀態過渡到更加有秩序的狀態，這是熵減少的過程，當然不可能發生。這同時說明了，我們的宇宙本來開始於熵很少的狀態。所以，物理學家將這個問題變成了：為什麼宇宙在開始的時候熵特別少？

讀過《給孩子講宇宙》的人也許還記得，我們的宇宙開始於一場大爆炸（又稱大霹靂），大爆炸發生的時候，整個宇宙被密度非常高的粒子氣體充滿，那個時候，宇宙的熵比現在小得多。為什麼宇宙會從這樣的一個狀態開始呢？物理學家必須解釋這個問題。後來，物理學家想到一個更加不可思議的解決方案，在宇宙充滿粒子氣體之前，宇宙還經歷了一個更加暴烈的過程，在這個過程中，宇宙在遠遠不到一秒鐘的時間內，膨脹了一百億億億倍，這個過程叫暴脹。因為它很像金融暴脹，甚至比金融暴脹厲害得多。這個過程是美國物理學家阿蘭·古斯（Alan Harvey Guth，一九四七年～）發明的，我這裡就不說他為什麼會發明這個理論（我們於第三講中再說），我只是告訴大家，現在多數物理學家和天文學家同意宇宙確實開始於暴脹。

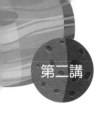

宇宙在暴脹的時候，狀態更加特別，也就是說，熵基本可以忽略不計，為什麼呢？因為在暴脹的時候，根本不存在任何粒子，只有單純的能量。到底是一種什麼能量呢？物理學家至今還沒有人弄清楚，但有一件事是確定的：沒有粒子只有能量，所以狀態很簡單。如果有人給你一個空盒子，裡面是簡單的真空，你能說這個系統很複雜很混亂嗎？它的熵等於

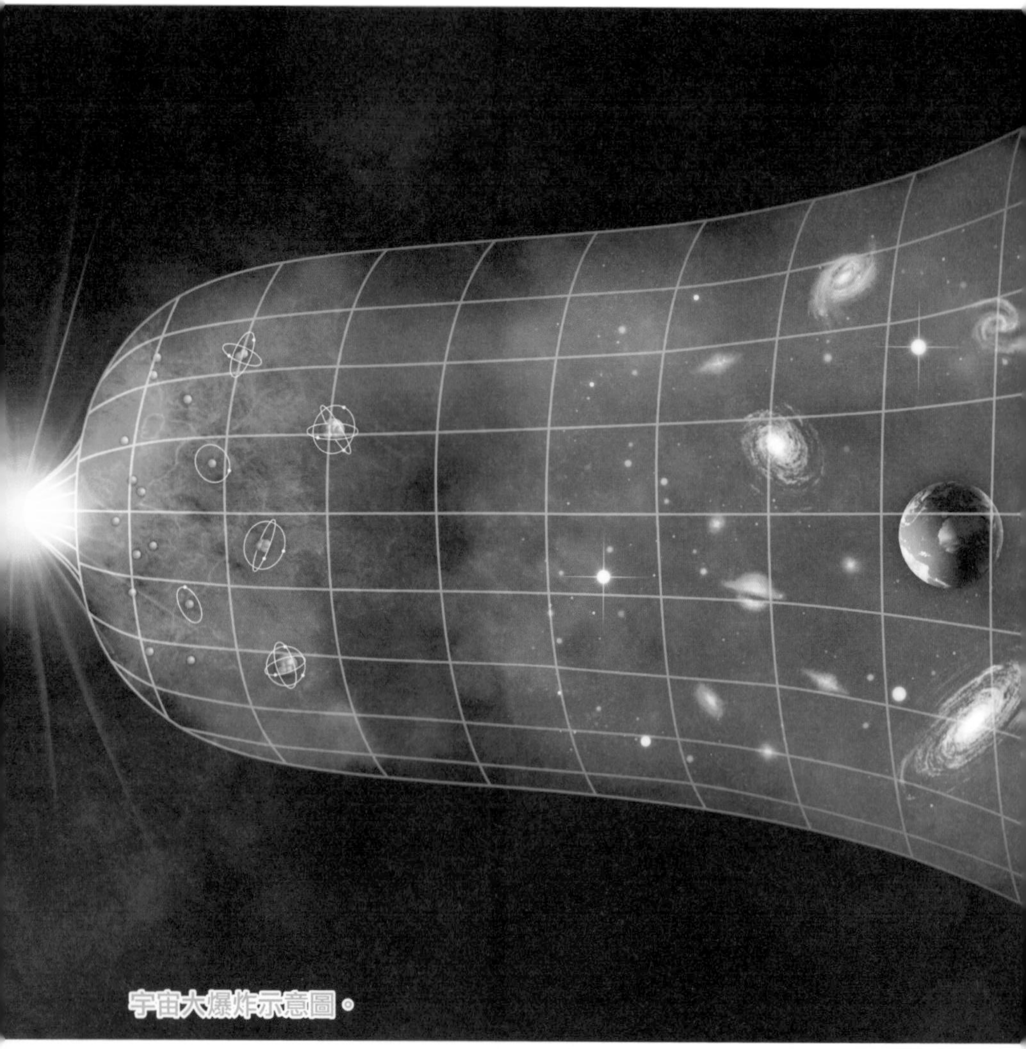

宇宙大爆炸示意圖。

零。宇宙在暴脹的時候，雖然有能量，但其實和一個真空的盒子差不多，熵基本等於零。這樣，我們就能夠解釋為什麼宇宙開始的時候狀態很特別。正因為宇宙開始的時候狀態特別，時間才有了箭頭，因為宇宙作為一個系統，只能變得越來越混亂。

截至目前為止，這一講談的都是物理學的時間箭頭，現在，我們要來談談心理學的時間箭頭。這個時間箭頭更加明顯，因為，我們每一個人都知道，我們只記得過去發生的事情，沒有人能夠預言未來會發生什麼事情。也就是說，我們的大腦明確地知道過去和未來的區別，這是一個時間箭頭。

雖然現在科學家並沒有完全弄清楚人類的大腦到底是怎麼運作的，但有一點是很清楚的，就是當我們學習和記憶的時候，大腦中的神經元會形成一定的排列組合，以某種方式相互連結起來。怎麼理解這件事呢？一個最為簡單的例子，就是中國傳統的算盤。

本來，當我們被生下來的時候，什麼也不記得，就像一個算盤中的所

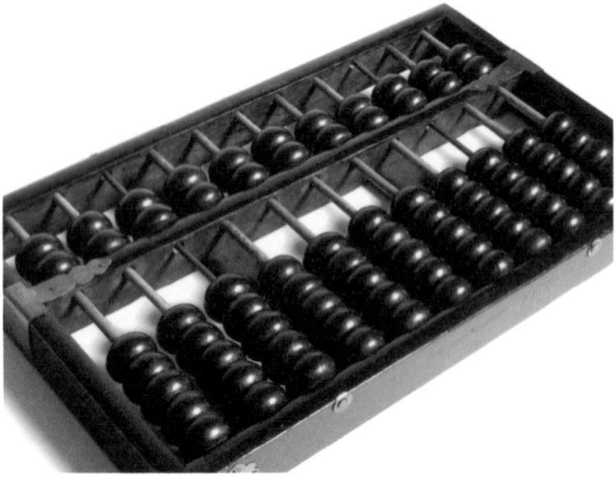

用來計算的算盤。

有算珠處於最低的狀態。現在，我們向上撥一個算珠，算盤就改變了，記錄了一個數字。再撥幾個算珠，算盤的狀態又改變了，記錄一個更大的數字。

想像一下，我們的大腦接觸外部環境的時候，透過觀察和學習，裡面的神經元就像算珠，改變了狀態，這就是記憶的過程。撥算珠需要能量，同樣，我們的大腦工作時也需要能量。我們學得越多，消耗的能量也就越大。比如你正在讀這本《讀懂時間簡史的第一本書》，快的話需要一天時間，慢一點可能需要好幾天。你越是集中注意力記住這本書帶給你的知識，你消耗的能量就越大。據科學家估計，一個人在認真思考的時候，大大腦工作時，也需要消耗能量。

腦消耗的能量大約佔我們身體消耗能量的三分之一。

我為什麼要給大家講大腦耗能這件事呢？你有沒有想過，我們消耗的能量越多，吃進的食物也就越多，排放的東西也就越多，這會造成什麼後果？會造成我們環境的熵越來越大。你看，學習以及記憶的代價，是讓我們周圍環境的熵變大。換句話說，我們的心理時間箭頭，居然和環境的物理時間箭頭是有關係的。

所以，我們不可能預測未來，主要就是因為未來的熵比現在大。其實，電腦的功能也是這樣，電腦在儲存和運算的時候，每時每刻都在消耗能量。當然，我們不必太為消耗能量擔心，畢竟，太陽還有好多好多能量會源源不絕地提供給我們。

現在我們知道了，大腦的記憶越多，儲存的信息也就越大。那麼，信息這種東西，到底是什麼？

假如我給你好多字，像這本書一樣，四萬多字，然後你隨便排列，毫無疑問，你不會看懂這本書，因為所有的字都是混亂的。

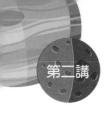

不信的話，我們將上面這段話打散成這樣：

「多像這本假書一，四無是混疑你，萬你多字，然我懂如你便排列，毫問，不會好看這的隨樣本給書，因為所字後有如的字都亂。」

你可以仔細對照一下，雖然是完全一樣的字，但你看得懂嗎？所以我們得到這樣的結論：亂七八糟的一堆字不會有任何信息。但是，因為它們很混亂，熵卻比較大。

熵大而信息少，這是克勞德・夏農（Claude Elwood Shannon，一九一六～二〇〇一年）在一九四八年發現的。夏農是美國數學家，在貝爾實驗室整整工作了三十一年。貝爾實驗室是一個什麼地方呢？它隸屬於美國電話電報公司，顧名思義，這個實驗室主要的任務之一就是研究通信。儘管夏農是一位數學家，但他也研究通信。當時電報還是很重要的通信方式，夏農那時要弄明白，怎樣才能辦到即使電報出錯了，也能讓接收電報的人看懂。

年輕一點的朋友可能對電報很陌生。其實就是一台電報機，一個人坐

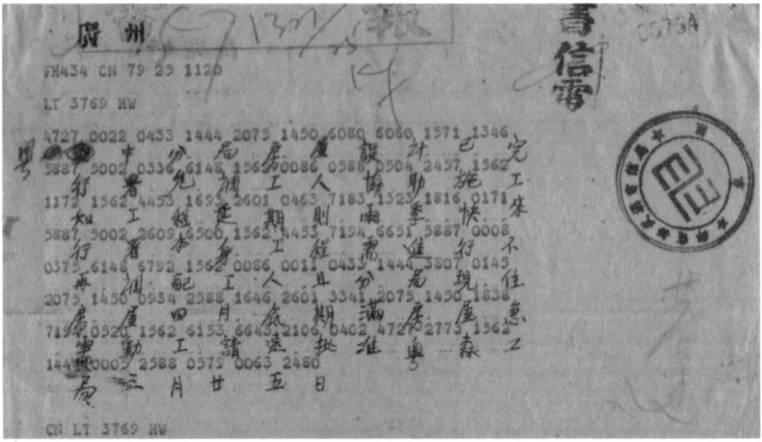

廣州
FH434 CN 79 25 1120
LT 3769 HW
4727 0022 0433 1444 2075 1450 6080 6060 1571 1346
粵中分局房屋設計已完
5887 5002 0336 6148 1562 0086 0588 0504 2457 1562
行署免調工人協助施工
1172 1562 4453 1693 2601 0463 7183 1323 1816 0171
如工程延期則雨季快來
5887 5002 2609 6500 1562 4453 7194 6651 5887 0008
行署本身工程需進行不
0375 6148 6792 1562 0086 0011 0433 1444 3807 0145
再調配工人且分局現住
2075 1450 0934 2588 1646 2601 3341 2075 1450 1836
房屋四月底期滿房屋急
7193 0520 1562 6153 6643 2106 0402 4727 2773 1562
需動工請速批准粵森工
1444 0005 2588 0579 0063 2480
局三月廿五日
CN LT 3769 HW

電報接收機將無線電信號翻譯成文字。

在那裡不停地按一個電鈕，然後電報機透過無線電將一條信息發出去。儘管電報機和我們現在常用的手機完全不同，但工作原理沒有什麼特別不同之處。

電報的無線電信號發出去了，接收電報的一方透過電報接收機將無線電信號翻譯成文字，就像上面這張圖。

我們現在很容易理解夏農研究的結果，比方說，我們寫一個帶有兩個字的句子，如果很確定每一個字都沒有錯，當然這個句子的意思也不會錯。如果這個句子中，每個字出錯的機率是一半，那麼，這個句子很可能完全無法被理解。他因此得到了一個非常重要的公式，這個公式會告訴我們：一句話裡的信息含量有多少。當然，句子越長，信息量就越大。

夏農得到的信息公式，正好和熵相反：一段話的熵越大，信息就越少。你們都聽說過「位元」吧？這是夏農發明的，位元越多，信息就越多。相反，位元越少，信息就越少。一堆亂七八糟的字，沒有什麼位元，熵倒是不小。

夏農。

總結一下這一講：

在宇宙中，熵總是越來越大，這給時間帶來了一個箭頭，未來不同於過去。熵變大的原因，歸結於我們宇宙在最初的時候，處於一個十分簡單的狀態。在這個物理時間箭頭之外，還存在我們的心理時間箭頭，這兩個時間箭頭正好是關聯的。

延伸閱讀

1\. 水結成冰，到底能釋放出多少熱量呢？一千克的水，如果溫度是攝氏零度，在結成攝氏零度的冰時，會釋放出約八十大卡的熱量。大卡是普遍用來計算熱量的單位，比方說，一個成年人每天需要大約兩千大卡的熱量。

2\. 如果我們用物理學中更加通用的能量單位「焦耳」來表達，那麼一大卡約莫是四千焦耳。焦耳又是什麼呢？將一百克的物體抬高一公尺，需要的能量大約就是一焦耳。現在我們可以計算一千克的水，以及一千克的冰在攝氏零度時，熵的差別了，就是用三百三十千焦耳除以二百七十三克耳文。這個熵差看起來不是一個巨大的數字，但是從波茲曼的統計力學的觀點來看，差別十分巨大。

3\. 我們在正文中主要談了熱力學第二定律，也就是說，一個系統的熵不會變小。當熵維持不變的時候，我們會說，這個系統處於平衡狀態。任何用不會散熱的材料包裹起來的固體、液體以及氣體，到了最後都會變成溫度到處都均勻的平衡狀態。

4. 將任何兩個物體放在一起，根據熱力學第二定律，熱量總是從溫度高的那個傳遞到溫度低的那個，最終兩個物體的溫度變成完全一樣。這個結論又叫熱力學零次定律。

5. 既然有熱力學零次定律和第二定律，肯定就有熱力學第一定律。這是什麼呢？其實很簡單，就是能量守恆。舉一個最簡單的例子，兩個物體放在一起，一個物體釋放了多少熱量，另一個物體就吸收了多少熱量。當然，能量守恆的意義比吸收和釋放熱量更普遍。例如在化學反應中還有化學能；在電力轉化成其他能量時，還有電能等等。

6. 第一個發現能量守恆的人是英國物理學家焦耳（James Prescott Joule，一八一八～一八八九年），所以後來能量的一個單位就叫焦耳。在焦耳發表能量守恆定律之前，德國醫生邁爾（Julius Robert von Mayer，一八一四～一八七八年）就發現了熱能在變成機械能的過程中，能量是守恆的。後來，邁爾又發現人體消耗過程中能量也是守恆的。

7. 克勞修斯是第一個提出熱力學第二定律的人，儘管他是經由研究蒸汽機效率發現的，但他可不是第一個研究蒸汽機效率的人。第一個系統研究蒸汽機效率的人是法國工程師尼古拉·卡諾（Nicolas Leonard Sadi Carnot，一七九六～一八三二年）。

8. 克耳文發現，所有物體都有一個最低溫度，也就是絕對零度，但物體可以在一個有限時間內達到絕對零度嗎？德國物理化學家能斯特（Walther Hermann Nernst，一八六四～一九四一年）發現，這是不可能的。這條定律叫熱力學第三定律。

9. 有人讀過《讀懂量子力學的第一本書》嗎？如果你讀過那本書，就會知道量子力學中有一個不確定性原理。這個原理告訴我們，含有原子和分子的一個物體，即使我們將它的溫度降到絕對零度，原子分子還是含有能量，因為一個原子或一個分子不可能絕對地不動。

10. 在波茲曼研究統計力學之前，馬克士威就研究了統計力學。他也假定一個氣體是由分子構成的，而且還推導出了第一個統計力學中的公式。這個公式是關於氣體中的分子運動速度的，叫馬克士威－波茲曼分布。

11. 從波茲曼對統計力學的研究，我們還可以推出一個很神奇的定理，叫能量均分定理。比方說一個由簡單原子構成的氣體，每個原子的能量和這個原子可以在幾個方向上運動有關。假如原子不是那麼簡單，還可以轉動，這個原子的能量會更大一些。

12. 由於熱力學第二定律，十九世紀曾經出現過「熱寂」一詞。什麼是「熱寂」呢？我們知道，熱力學第二定律告訴我們，一個封閉的體系最終會趨向一個平衡狀態，在平衡狀態中，溫度到處都是一樣的。既然如此，宇宙中各種天體燃燒到最後，會不會變成一個溫度一致的大氣體？這就是「熱寂」。

13. 現在沒有什麼人相信什麼「熱寂」了，為什麼呢？因為萬有引力的存在。

14\. 萬有引力為什麼打破了「熱寂」理論？霍金在一九七〇年代發現黑洞不黑，因此任何黑洞都有一個溫度，由此可以推出任何一個黑洞都有熵。既然黑洞有熵，那麼萬有引力也有熵。所以，宇宙最大熵的狀態就不該是溫度一致的氣體，而是到處都是黑洞的狀態。

15\. 但是，黑洞本身既然有溫度，黑洞也不會永遠不變，黑洞會蒸發，最後都釋放成粒子了。時間長了，粒子又會在萬有引力作用下形成各種天體。

16\. 當然，上面的論證是假設宇宙中沒有暗能量的情況下而得到的。我在《給孩子講宇宙》中談了暗能量。但我沒有談到的是，有了暗能量的宇宙，還有更大的熵，這個熵比起各種天體和黑洞來說，要大得多。

17. 科學家還沒能夠徹底理解暗能量，在這種情況下，就很難預言宇宙在未來會是什麼樣子。

18. 夏農定義了信息，他的定義不僅在信息論中非常重要，在物理學裡也很重要。二十世紀的科學家們還借用了夏農的研究，定義了量子力學中的熵。要知道，波茲曼的時代只有經典物理學，他對熵的定義無法應用在量子力學中。

19. 人類的大腦到底是如何運作的？大腦處理信息的過程到底是怎麼一回事？這些問題並沒有完全找到解答。在解決這些問題之前，也許我們不能說完全理解了心理時間箭頭。

20. 未來等到量子電腦的出現，也許就會有助於我們真正理解人類的大腦。

第三講

令人生畏的暴脹

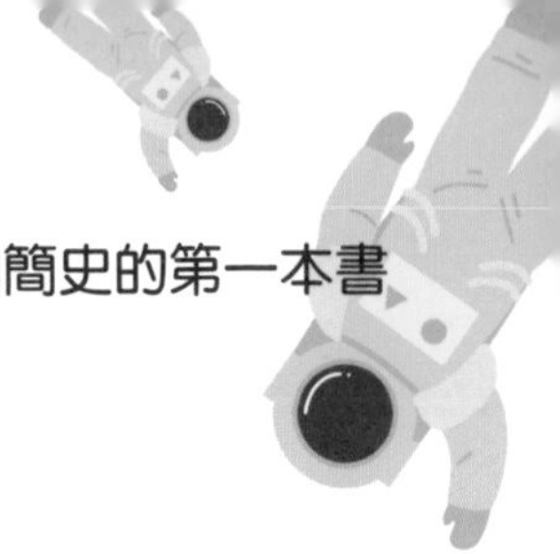

我們已經從古代計時講到現代計時，再講到時間的箭頭。所謂的時間簡史，其實就是整個宇宙的歷史。

在《給孩子講宇宙》中，我給大家講了宇宙大爆炸的理論，在這一講中，我便不重複宇宙大爆炸理論的細節了，但為了把上一講中提到的宇宙暴脹說明清楚，也必須簡要地回顧一下宇宙大爆炸。

當我們抬頭仰望天空的時候，天上除了太陽和月亮之外，夜晚還有璀璨的星空，我們看到的，除了一些太陽系中的行星，更多的是恆星。這些恆星其實和太陽一樣，都是一刻不停在燃燒的巨大天體。自從伽利略發明了望遠鏡之後，天文學家還發現，有一些看上去像恆星的天體，經過望遠鏡的放大後，其實是和銀河系一樣的星系，這些星系裡頭含有上千億顆的恆星。

在一九二〇年代，愛德溫．哈伯（Edwin Powell Hubble，一八八九～一九五三年）使用當時最大的望遠鏡得到了一個驚人的發現，原來，這些星系幾乎全無例外地離我們越來越遠，也就是說，它們以非常快的速度向外面跑去。跑的速度有多快呢？最近更加精確的測量告訴我們，一個距離我們三百萬光年的星系，向外跑的速度達到了每秒六萬八千公尺。在哈伯之後，科學家用愛因斯坦的廣義相對論得到了我們宇宙的歷史圖像：整個宇宙就像一個不停膨脹的巨大麵包，而上千億個星系就像鑲嵌在這個巨大麵包中的葡萄乾，彼此之間的距離隨著麵包的膨脹越來越遠。

如果我們將整個宇宙倒推回去，這個宇宙起源於大約一百三十七億年前的一場大爆炸。為什麼說是大爆炸呢？因為那個時候還沒有恆星，更沒有星系，只有炙熱的基本粒子氣體，這個氣體溫度很高很高，膨脹的速度很快很快。溫度高到什麼程度？在大爆炸發生後的一秒鐘，整個氣體的溫度高達一百億克耳文，大約是太陽中心溫度的一千倍。隨著宇宙繼續膨脹，氣體慢慢冷卻，然後一些恆星才開始形成。恆星形成之後，星系才開始形成。當然這麼說有點太簡化了，其實，有些恆星形成得比較早，有些恆星形成得比較晚。

聰明的讀者現在可能會問：「宇宙為什麼會發生大爆炸？大爆炸中的

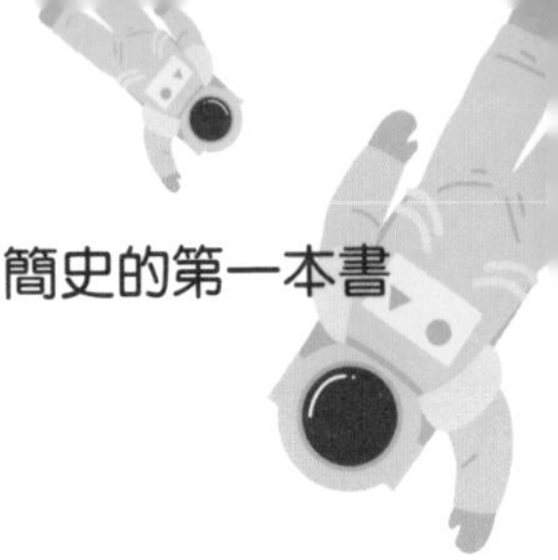

粒子氣體又是怎麼來的呢？」這正是一九七〇年代末，一位不修邊幅的物理學博士後[1]思考的問題，這個人叫阿蘭．古斯。

古斯其實並不是研究宇宙的科學家，而是研究基本粒子的。但我們可以確認的是，他小時候也是神童，十七歲高中畢業後，考上了麻省理工學院的一種特別班，進入這種特別班的人，可以在五年內同時拿到學士和碩士學位。就這樣，一九六九那年他二十二歲，就同時拿到了物理學學士和碩士學位。再過三年，也就是一九七二年，他又拿到了物理學博士學位。可是，儘管他在粒子物理的研究上很成功，卻在連續當了九年博士後，都還沒能拿到助理教授的位置。我為什麼說助理教授，而不提其他教授職位呢？因為在美國，研究物理的人在拿到博士學位之後，通常要做一任到兩任博士後，再到處申請助理教授職位。再然後，一般是辛辛苦苦做了五年研究之後才能拿到副教授職位，在美國，副教授基本上就是永久職位了。

1 編按：又稱博士後研究員，指的是在取得博士學位後，在大學或研究機構中有限期地專門從事相關研究或深造的人。

為什麼古斯的物理學研究做得很好，卻不得不擔任了九年有如臨時工一樣的博士後呢？這和他的出生年代有關。他出生於一九四七年，第二次世界大戰剛結束兩年，那幾年，美國有很多嬰兒出生，稱作「戰後嬰兒潮」。從一九四六年到一九六四年，在這十幾年間美國大約有七千六百萬個孩子出生。等這些人長大了，因為人太多，工作就不好找。古斯正是嬰兒潮早幾年出生的，就很難找到正式教職了，往往幾十個博士後中只有一個人能找到教職。這一代人，被稱為失去的一代學者。

到了一九七九年，古斯已經在兩所大學做過博士後，正在第三所大學，也就是康乃爾大學做博士後，他

阿蘭・古斯。

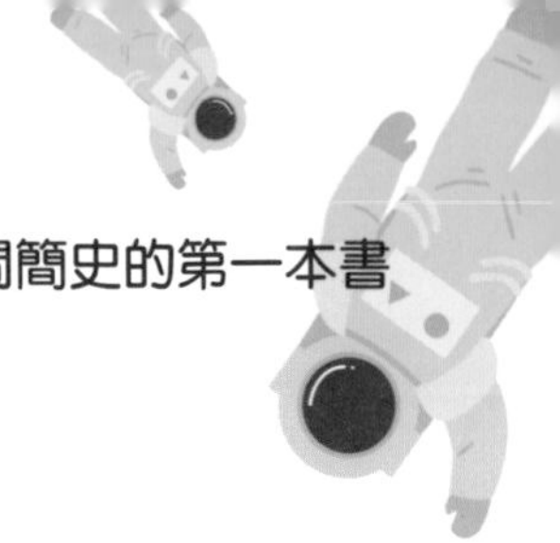

好像並不在乎能不能找到助理教授的職位，因為他比較呆萌，覺得能有口飯吃就很好了，不影響他做研究就行。也該他時來運轉，就在一年前，有個大名鼎鼎的宇宙學家來到康乃爾做學術演講，這個人叫羅伯特·迪克（Robert Henry Dicke，一九一六～一九九七年）。

為什麼說迪克大名鼎鼎呢？因為他做出了很多重要發現和發明。比如說，他發明了一種雷達，叫作「迪克輻射計」。這種雷達在一九六四年被兩位物理學家用來探測到了宇宙中無所不在的微波輻射，而這種微波輻射正是宇宙大爆炸遺留下來的，叫宇宙微波背景。有趣的是，當那兩位物理學家探測到宇宙微波背景時，迪克本人和他的助手們正打算尋找它。可是偏偏被另外兩位物理學家發現了，而這兩個幸運的人是偶然發現的，因為他們那時並不懂宇宙學。

一九七八年，六十二歲的迪克來到康乃爾演講。在這個演講中，他為聽眾解釋了宇宙大爆炸學說中存在的一個問題，而古斯正是聽眾中的一員。

戰後嬰兒潮指的是一九四六年
到一九六四年出生的人。

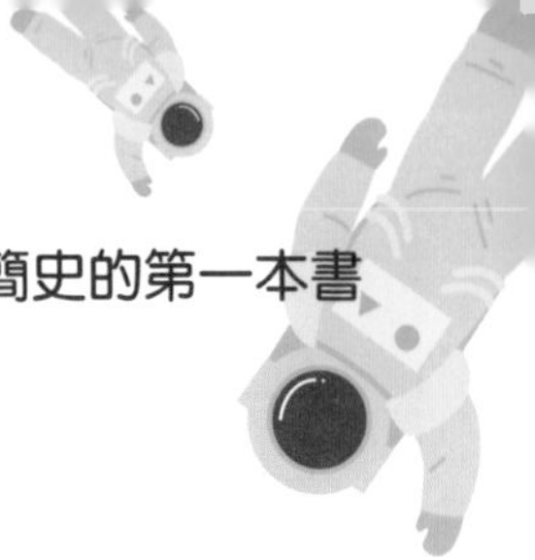

他說的是什麼問題呢？要弄明白這個問題，我們得從宇宙中的星系分布講起。儘管宇宙看上去一點也不均勻，比方說，在太陽系中，絕大多數的物質都在太陽裡，其次還有一些行星、小行星和彗星，大部分的空間是空的，什麼也沒有。所以，就物質分布而言，太陽系看起來很不均勻。同樣，我們用望遠鏡看看銀河系，除了恆星和分子雲之外，空間也大多數是空的。比銀河系更大的空間呢？除了星系之外，也多數是真空。所以，在幾百萬光年甚至上千萬光年範圍內，宇宙中的物質分布是不均勻的。

如果我們用更大的尺度來看宇宙呢？要知道，我們能夠看到的宇宙，大到差不多有九百億光年，在這個巨大的尺度上，宇宙看上去是什麼樣子呢？原來，宇宙在這麼大的尺度上，物質分布基本上是均勻的，其實，在二億光年以上，宇宙看上去就是均勻的了。

打個比方，我們在大海上坐船航行，如果有風的話，大海就會很不平靜，海面上波浪起伏，一點也不均勻。如果我們坐飛機在很高很高的高空向下看呢？基本上就看不到大海的波浪了，只看到平滑如鏡的海面。也就

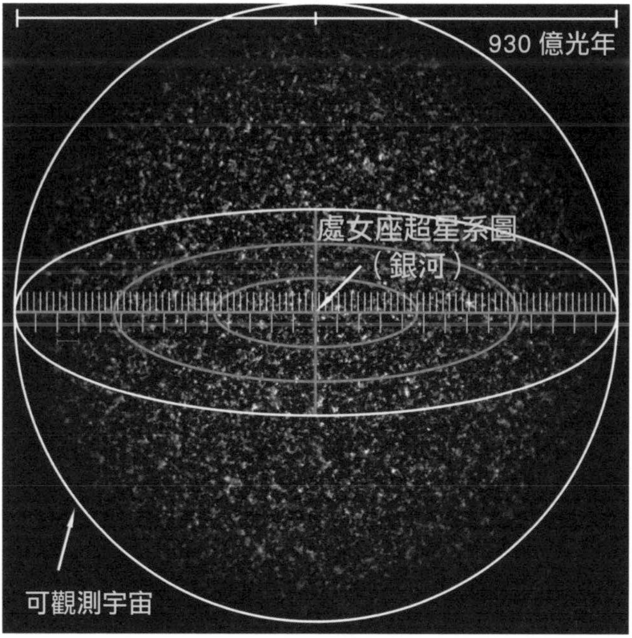

用巨大的尺度來看宇宙，看上去就會均勻許多了。

是說，在大尺度上，大海的海面看起來是均勻的。

除了物質在宇宙的大範圍上分布是均勻的，宇宙微波背景也是均勻的。其實，宇宙微波背景的分布比物質分布更加均勻。道理很簡單，因為微波顧名思義就是電磁波，也就是光，我們知道光是由光子組成的，而光子根本沒有質量，不會像物質一樣形成一團一團的結構。

在那個演講中，迪克還說了，其實越是早期，宇宙就越均勻。這個問題很深刻，因為在大爆炸剛剛發生的時候，宇宙更有可能像小孩隨手撒出去的東西，很不均勻。演講結束了，迪克瀟灑離開了，古斯卻為這個問題苦苦思索了很長時間。

最終，他得到了解答，解決的方案其實非常簡單。布一塊薄薄的橡皮——就是氣球材質的那種橡皮，開始的時候，這塊橡皮皺巴巴的，也就是說一點也不均勻。現在，假設有機器抓住橡皮的四周同時向外拉開，將這塊橡皮拉得比開始時大很多很多，原來皺巴巴的樣子不見了，被拉大的橡皮看上去平平坦坦。古斯後來想到的解決方案和拉伸橡皮非常類似，可是，為什麼這麼簡單的方案他卻花了差不多一年時間才想到？

儘管這種辦法簡單粗暴，可是，有什麼東西能夠使得宇宙被猛烈地拉伸？這就不得不提到一九七九年年初，也就是迪克在訪問康乃爾大學的大半年後，另一位著名物理學家訪問康乃爾大學的事。這位物理學家就是在當年晚些時候獲得諾貝爾物理學獎的史蒂文·溫伯格（Steven Weinberg，一九三三年～），溫伯格在康乃爾的演講，關係到一個叫作「大統一」的理論。

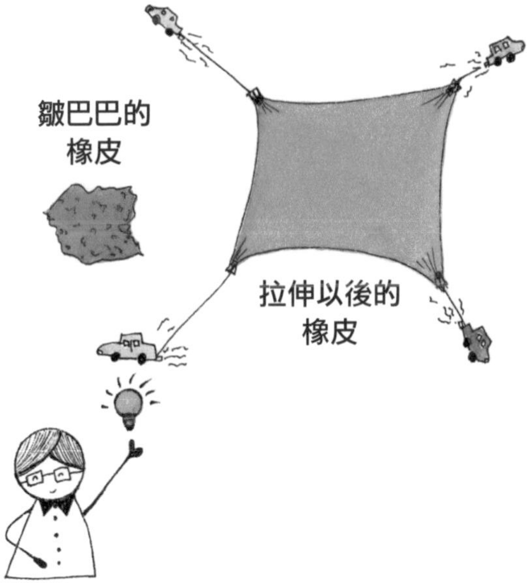

拉伸的橡皮為古斯的問題找到了解答。

我先簡單說明一下什麼叫「大統一」。我們知道，很多物理現象開始的時候，表面上看上去完全不一樣，比如說電、磁以及光，完全是三種現象。後來經過物理學家的長期研究，不同的現象就會統一起來，馬克士威將電、磁以及光統一成一個完整的電磁理論。同樣的在一九六〇年代，溫伯格等人將一種叫「弱交互作用」的原子核中發生的現象和電磁現象統一了起來，這種新的統一叫作「電弱交互作用」，這是溫伯格和另外兩位物理學家在一九七九年獲得諾貝爾獎的原因。

但是，一九七九年初，溫伯格在康乃爾大學演講中談到的大統一理論的野心更大，這個理論試圖將除了萬有引力之外的所有物理學現象全都統一起來。遺憾的是，直到今天，這種大統一理論都還沒有得到實驗證據的支持。

當時，古斯除了思考宇宙的起源，其實也在研究大統一理論。溫伯格在演講中提到，如果大統一理論是正確的，那麼，經過認真的計算，我們就可以解釋宇宙早期為什麼粒子比反粒子多出那麼一點點。那麼，什麼是反粒子呢？我們平常看到的物質，都是由分子及原子構成的，分子原子又是由基本粒子如電子等構成的。早在一九二〇年代末，保羅・狄拉克（Paul Adrien Maurice Dirac，一九〇二～一九八四年）就預言了，每一種基本粒子都有對應的反粒子，例如電子的反粒子就是正電子。當然啦，這個預言後來被很多實驗證實了。可是，反粒子通常很少很少，物理學家可以在粒子加速器裡製造出反粒子，但在宇宙中，基本上所有天體都是粒子構成的。不過，如果我們追溯到宇宙早期，當宇宙溫度很高很高的時候，應該存在很多反粒子，而粒子的數量只比反粒子多出那麼一點點。

為什麼粒子的數量會比反粒子的數量多出一點點呢？這是個困擾物理學家很多年的問題，因為，根據基本粒子理論，反粒子的表現就和粒子一樣，如果宇宙是公正的，反粒子的數目就該和粒子的數目一樣多。但是，假如反粒子的數目和粒子的數目一樣多，宇宙在大爆炸發生後的一秒鐘，所有粒子和反粒子就會互相尋找到對方，變成光子了，也就是說，現在我們這個宇宙會只存在光，不存在任何其他天體。

史蒂文·溫伯格在康乃爾大學的演講中告訴大家，只要大統一理論是正確的，那麼，反粒子的表現確實和粒子的表現有點不一樣，如此一來，精確的計算就能解釋粒子和反粒子不對稱的問題。當然啦，因為至今仍沒有實驗證據支持大統一理論，溫伯格那時的想法到底對不對，我們現在還不知道。

可是，溫伯格的演講給聽眾之一的古斯帶來了啟發。因為，在大統一理論裡面存在著一種真空能量，這種真空能量很大很大。古斯就想，終於找到我想要的東西了，假如宇宙在充滿粒子氣體之前是這種真空狀態，那麼，這麼大的真空能量不正好可以使得宇宙在極短極短的時間內被拉伸很多很多倍嗎？

古斯因自己的想法激動得睡不好覺，第二天，他將自己的想法告訴康乃爾大學的助理教授戴自海（一九四七年～），他說，大統一理論可以給宇宙帶來一個巨大的膨脹，這種膨脹就叫暴脹吧。戴自海被古斯說服了，而且，戴自海在討論中還告訴古斯，其實這個暴脹圖像還可以解決他們過去討論過的另一個問題。

關於這另一個問題，古斯也思考了很久。要說明這個問題，我拿一鍋水來做比喻。任何人都可以在自家廚房做這個實驗，但為了安全起見，

極早期的宇宙很像這鍋水，會成為很多氣泡擠在一起。

如果是兒童，請由家長陪伴做這個實驗。將一鍋水放在瓦斯上，打開瓦斯加熱這鍋水，你會看到，起初是鍋底出現小氣泡。這些小氣泡的出現是因為鍋底的溫度最高，率先達到攝氏一百度——大家都知道，這是水變成水蒸氣的溫度。但水並不是一下子就會變成水蒸氣的，而是透過先形成小氣泡的方式。

隨著溫度繼續升高，水裡面會出現更多氣泡，直到

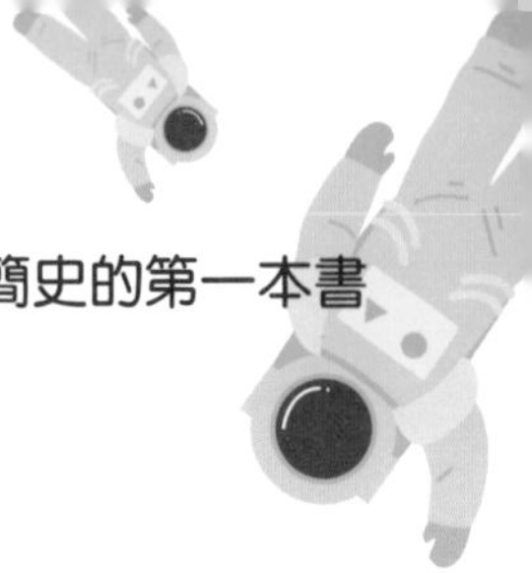

整鍋水都達到攝氏一百度，那麼，水中所有地方都會出現氣泡。你會問，這和宇宙有什麼關係？關係很大。在類似的大統一理論中，宇宙在早期的時候，也就是遠遠早於一秒鐘的時候，情況很像一鍋水，只是，那時的宇宙中存在的不是水，而是大統一理論中的一種特殊的場，這種場可以採取兩種狀態，一種我們用液態水來比喻，另一種用氣態水來比喻。

因此，極早期的宇宙很像這鍋水，但是，這鍋水又不會全部變成氣態，更有可能的是，宇宙會成為很多很多氣泡擠在一起。

聰明的讀者會很快發現，如果是這樣，那就壞了，因為很多氣泡擠在一起，會造成宇宙極度不均勻，比方說，氣泡壁的能量密度就比氣泡大很多。這就是古斯和戴自海討論過的問題。

但是，古斯的暴脹論一下子解決了這個問題：不錯，宇宙確實是不均勻的，但是，現在我們能夠看到的宇宙，在暴脹結束後，都含在一個氣泡裡面，其他的氣泡我們根本看不見。換句話說，其他氣泡可以被看成其他的宇宙，對我們看到的宇宙基本沒有影響。

古斯在獲得暴脹這個超級想法後，並沒有馬上發表，而是前往史丹佛大學待了一年。一九八〇年，他在史丹佛的一次學術演講中第一次公布了這個想法。巧合的是，溫伯格也在場。演講結束後，溫伯格顯得非常生氣，這也讓古斯感到膽戰心驚，覺得這位大人物可能不認可自己的想法。其實，溫伯格通常只會在一種情況下生氣，就是看到別人搶先想到了一個重要的物理學觀點。

當時中國才剛改革開放，戴自海教授回到上海探望了他的奶奶。就這樣，他錯過了和古斯一同發表第一篇論文的機會。一九八〇年八月，古斯獨自一人向美國的一家學術刊物投了一篇稿子，論文的標題是：「暴脹宇宙：對平坦性問題和視界問題的一種可能解決方案」。

什麼是「視界問題」？就是我們前面提到過的均勻性問題，「視界問題」不過是物理學家的一種學術說法。那麼，什麼是平坦性問題呢？這個問題也容易解釋，比方說，在一個風平浪靜的大海上，假如空氣也特別乾淨，你會發現，你能夠看到的遠方並不是特別遠，最遠的海面形成

假想的動物或人越小，看到的海面就會越平坦。

一個圓，這個圓的半徑只有五千公尺左右。事實上，我們常說的地平線或海平線就是這個圓。這個圓之內的海面當然是地球這個球面的一個極小的表面，原則上不是平的，是微微向上凸起的。但由於這個圓的半徑只是地球半徑的千分之一不到，因此看上去基本是平的。假如一個動物的身高只有我們的十分之一，對牠來說，遠方的水平線更近，只有五百公尺。在五百公尺的範圍內，海面就更加平坦了，原因是地球的半徑相對五百公尺顯得更大。我們可以將假想的動物想得越來越小，那麼牠看到的海面就越來越平。

還是那位迪克，在一九七八年的康乃爾演講中提到了平坦性問題。他說，根據宇宙的現狀，我反推到宇宙早期，越是早期，宇宙就越發顯得平坦，這是為什麼呢？

暴脹論完美地解決了這個問題，這是因為在暴脹結束的時候，宇宙已經被拉大了一百億億億倍，即使宇宙在一開始是個很彎曲的空間，拉大這麼多倍後也被拉平了。

我們該如何理解這一百億億億倍呢？可以這樣想：地球到太陽的距離是一億五千公尺，而一個質子的大小是一千萬億分之一公尺，將一個質子拉大到地球到太陽之間這麼大的空間，大約就是放大了一百億億億倍，這是一個何等暴烈的放大。

我們可以再問一下，如果將現在這個直徑大約有九百億光年的宇宙回推到暴脹結束的時候，它有多大呢？其實，答案和驅動暴脹的真空能大小

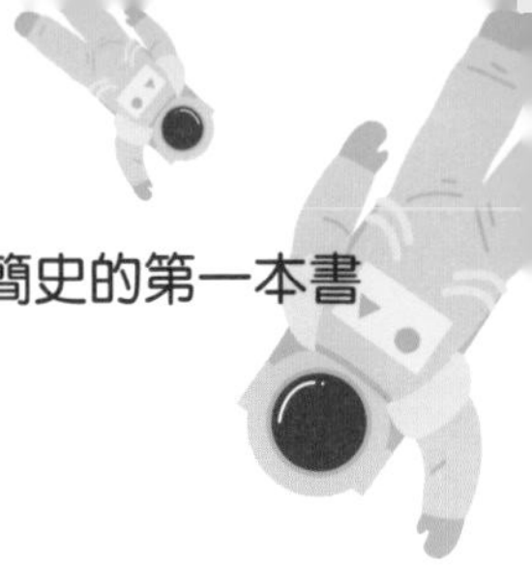

有關。一個比較普遍被接受的看法是這樣的，暴脹結束後，我們的宇宙在那時可能只有一顆籃球那麼大。現在你想像一下，將質子放大一百億億億倍，我們得到的是地球到太陽之間這麼大的空間，那麼，我們的籃球應該是從一個更小的微觀宇宙來的。但是，不論那個微觀宇宙到底是什麼樣子，已經不重要了，所有細節都被暴烈的暴脹給抹殺了。

關於暴脹的故事，我們迎來了一個喜劇性的結尾。一九八一年，古斯的暴脹理論得到物理學家的普遍承認，他很快在他就讀的母校麻省理工學院獲得了一個副教授職位，而且是終身的。古斯是為數不多的失去的一代學者中的幸運兒。

古斯後來一直沒有離開過麻省理工學院。二〇〇五年，古斯的同事提名他去競爭《波士頓環球報》的「最髒亂辦公室獎」，而且他得到了，這個獎每次只頒給一個人，可見他的辦公室亂到什麼程度。順便提一下，二〇一三年，就是這家《波士頓環球報》被紐約時報公司賣了，這個事件曾經被當成傳統媒體衰敗的案例來宣傳。

你想像的最髒亂的辦公室會是什麼樣子呢？

成名多年後，一家出版社邀請古斯寫一本科普書。他在西方的理論物理學界和宇宙學界名氣確實很大，出版社很看好他的書。這件事我在一九九三年，最晚一九九四年就聽說了。故事還說，出版商預付了他一百萬美元版稅，他用這筆錢在麻省劍橋買了一棟大房子，卻遲遲不動手寫書。到了我離開羅德島兩年後，也就是一九九八年，他的書才終於出版，書名為《暴脹宇宙：追尋宇宙起源的新理論》（*The Inflationary Universe: The Quest for a New Theory of Cosmic Origins*，中文書名暫譯）。我不知道這本書賣得好不好，出版商有沒有將預付版稅賺回來。反正，這本書現在在美國亞馬遜的排名可不高，只有二十三萬多。相比之下，霍金（Stephen William Hawking，一九四二～二〇一八年）的《時間簡史》是一百四十二名，霍金的書還早出了十年。

我在這裡幫大家做一個預言，那就是，古斯遲早會獲得諾貝爾物理學獎。並且，不得不提起一個很令人遺憾的事實——最早和古斯討論暴脹的華人物理學家戴自海教授，儘管他後來和古斯一同寫了一篇論文，但因為拜訪親戚，錯過了和古斯一同提出暴脹論的機會。

另外，很有可能還有兩個人會和古斯分享諾貝爾獎，這兩位都是俄國人，一位叫阿列克謝·斯塔羅賓斯基（Alexey Starobinsky，一九四八年～），另一位叫林德（Andrei Linde，一九四八年～）。這是什麼原因呢？先說說林德，他在古斯之後第一個提出了現在最流行的暴脹版本，這個版本要比古斯的版本優越得多。至於斯塔羅賓斯基，其實他比古斯更早提出暴脹理論，只是，當時他並不知道暴脹理論可以解決我們前面說的宇宙均勻性問題和宇宙平坦性問題。

那麼，好奇的讀者可能會問了，既然某種真空能量在宇宙非常早期的時候推動了宇宙進行劇烈的暴脹，那麼，宇宙暴脹為什麼沒有持續進行下去？為什麼我們的宇宙今天不再暴脹了？當然，如果宇宙一直在暴脹，它會變得非常非常大，遠遠大於今天的九百億光年，同時，宇宙中也不可能出現美麗的恆星和星系，因為任何像恆星這樣的東西早就被持續不停的暴脹拉得粉碎——其實，它們根本就沒有機會形成。

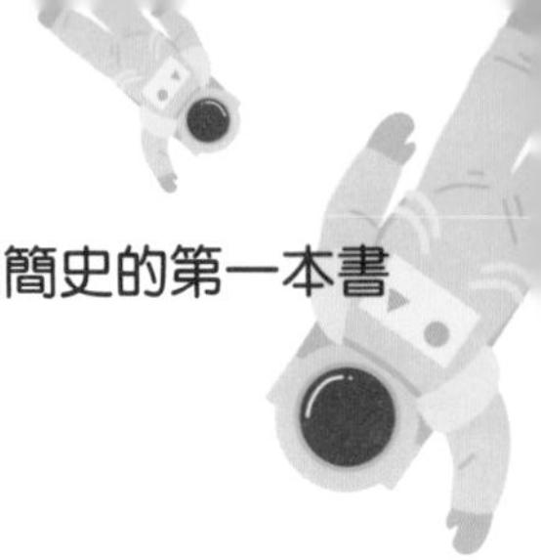

科學家並不十分清楚暴脹是怎麼結束的，但有一點非常清楚，在遠遠小於一秒鐘的時間裡，暴脹就結束了。為什麼暴脹會結束呢？因為推動暴脹的真空能在將宇宙從一個極其微觀的狀態拉伸到籃球大小之後，就因為某種原因幾乎完全變成了粒子氣體。在真空能變成粒子氣體的過程中，能量是守恆不變的，但是，當能量完全被粒子氣體攜帶時，宇宙的暴脹立刻放慢了下來。要知道，儘管暴脹的過程非常短，但空間中沒有粒子，只有真空能，我們可以說那時宇宙的狀態非常簡單，這就是我們在上一講中說到的，暴脹過程中宇宙的熵非常小，接近零。當真空能轉變成粒子氣體之後，宇宙的熵立刻變得很大，因為宇宙雖然只有籃球大小，但溫度遠遠高於一百億克爾文。我們在上一講中說到過，溫度越高，混亂度就越高，熵就越大。

但是，我們也知道，隨著宇宙的膨脹，粒子氣體的溫度會降低。你可能會問，溫度降低，熵不就降低了嗎，這不是和熱力學第二定律矛盾嗎？其實沒有矛盾，溫度降低了，但宇宙的體積卻變大了，宇宙的總熵並沒有

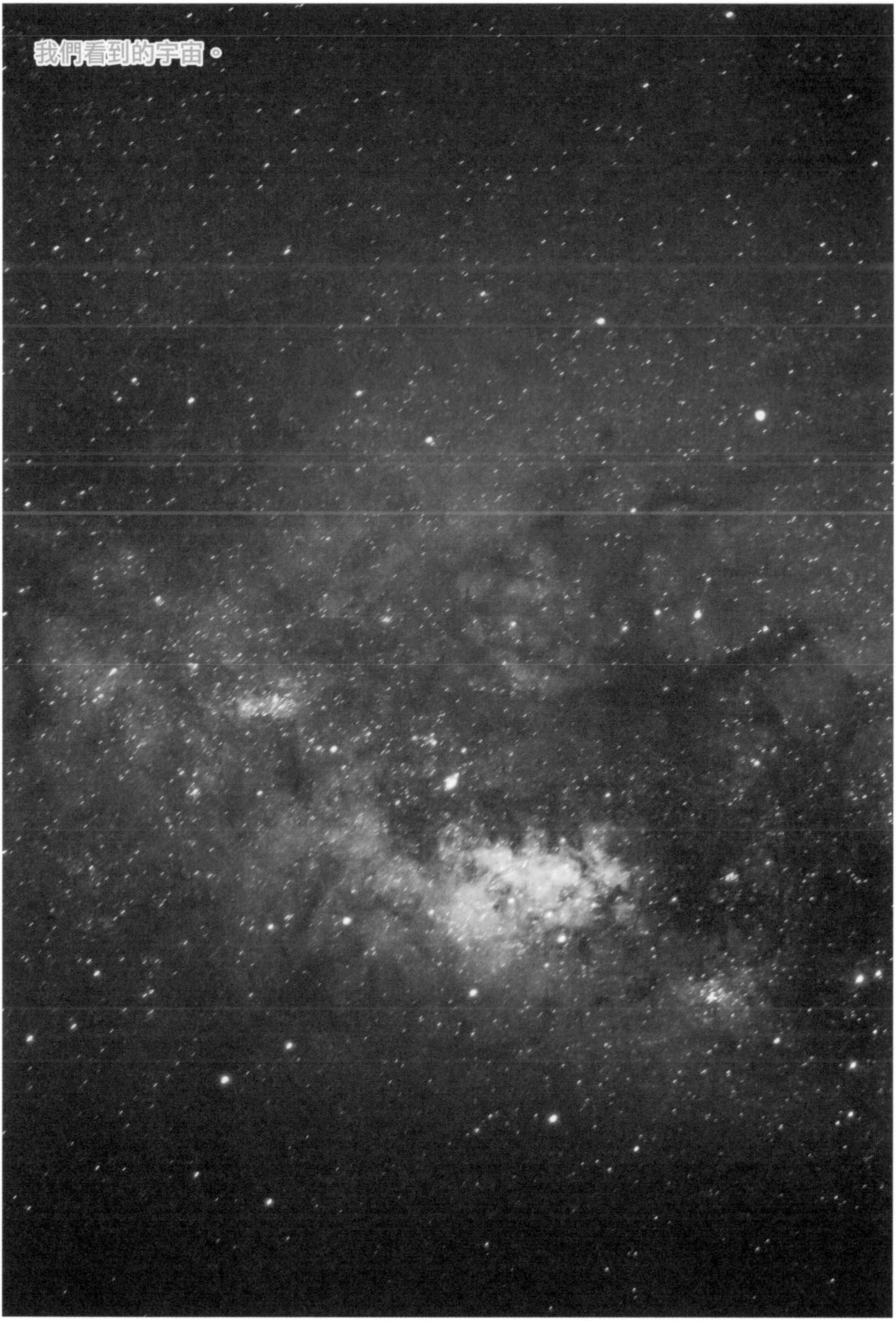
我們看到的宇宙。

降低。

在談暴脹論的一個非常重要的推論之前，我們重複一下暴脹論解決的兩個重要問題。第一個問題是，早期的宇宙中粒子氣體為什麼非常均勻？第二個問題是，早期的空間為什麼看上去很平？這都是因為暴脹，暴脹將任何發生在暴脹之前的粒子稀釋掉了，而後來的粒子氣體來自真空能的轉變；同時，暴脹將任何空間的彎曲也給拉直了。

既然在暴脹結束之後，粒子氣體完全是均勻的，那麼，後來的恆星和星系怎麼可能形成呢？這是一個非常重要的問題，而這個問題的答案恰恰就是暴脹論的一個推論！

天文學家經過計算，如果我們希望在宇宙大爆炸發生的上億年後，恆星就會出現，那麼，宇宙中就必須存在物質的不均勻性。一個微小的不均勻，就會慢慢形成恆星以及星系。這是為什麼呢？很簡單，想像一下，假如粒子氣體在一個區域要濃一點，那麼，在萬有引力作用之下，這個區域就會出現更多的粒子氣體，因為粒子氣體稀薄的地方萬有引力小，所以這些區域的粒子氣體會被粒子氣體濃的地方吸引過去。

顯然，任何不均勻性都不是無緣無故發生的，向前推，一直推到暴脹結束的時候，剛剛產生的粒子氣體就得有點不均勻。科學家經過計算發現，最初的不均勻不需要特別大，只要有十萬分之一的不均勻就可以了。

那麼，這個十萬分之一的不均勻性是怎麼產生的呢？我們前面不是說過，任何不均勻性都會被暴脹稀釋掉嗎？現在，量子力學要發揮很大的作用了。

不論你有沒有讀過我的《讀懂量子力學的第一本書》，我都先為你解釋一下量子力學裡面的一個重要原理，就是「不確定性原理」。不確定性原理告訴我們，任何物體，不論大小，都有不確定性。比如說電子，它的位置不是完全確定的。當然，物體越大，不確定性就越小。我們把一顆石頭扔出去，它看起來有個確定的軌道，這是因為石頭比較重，也就是質量比較大，其實，如果我們要求軌道特別精確，它就沒有那麼確定了。電子的質量比較小，所以根本就不存在著軌道，任何時候，電子的位置都是不

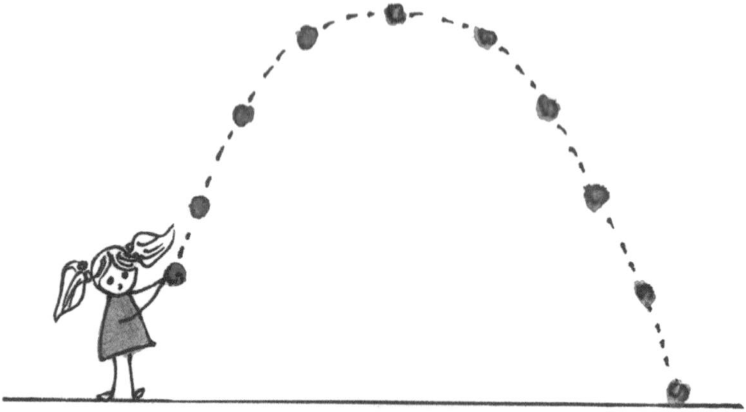

抛出石頭的軌跡。

確定的。

可能接下來你就知道我要說什麼了，在暴脹過程中，其實真空的能量也是不確定的。被你猜中了，的確，在暴脹過程中，能量會時大時小。但我們還有一個問題需要解決，這種時大時小的能量不確定性是量子的，它不像我們平時看到的不均勻性，是固定的，不會時大時小。

同樣，暴脹解決了這個問題。打個比方，我們

電子的質量比較小，不存在軌道，任何時候的位置都是不確定的。

有一杯水，當我晃動這杯水的時候，水面就會出現水波是吧。但是，正因為它是水波，在一個特定的地方，水面時高時低，而不是固定的，這很像暴脹時，真空能量的不確定性。現在，我們怎麼才能讓杯子裡的水面在一個地方固定下來，也就是說，一個地方的水面高不再改變，另外一個地方的水面低也不再改變？

解決這個問題的方法非常簡單，比如說下一頁的這

迅速插入一張不透水的板子，將水隔開，就能保持兩邊水位的高低了。

個水面，左邊水面低一點，我想保持這個情況，我就迅速地插入一張不透水的板，將水隔開來，那麼，左邊的水面就比右邊的水面低了。

宇宙暴脹是如何固定能量的大小的？就是因為空間被迅速地拉大，空間拉大的速度超過了光速，能量高一點的地方的能量就不會傳遞到能量低一點的地方了。科學家經過認真的計算得到結論，能量的漲落在暴脹結束時可以達到十萬分之一。

瞭解相對論的讀者可能會奇怪了，不是說世界上最快的速度是光速嗎，怎麼空間拉大的速度會超過光速？這和愛因斯坦的狹義相對論並不矛盾，因為空間本身並不傳遞信息，它的膨脹速度可以超過光速。

暴脹理論正好提供了能量微小的不均勻性，這種不均勻性恰好是恆星和星系形成所需要的，這是我相信古斯和林德等人遲早會獲得諾貝爾獎的原因。

接下來我要為大家說一個有趣的故事。二〇一七年二月，普林斯頓大學教授保羅·斯泰恩哈特（Paul Steinhardt）和另外兩位物理學家——普林斯頓大學的安娜·伊賈斯（Anna Ijjas）、哈佛大學的亞伯拉罕·勒布（Abraham Loeb），一起在美國《科學人》雜誌上發表了題為〈宇宙暴脹理論面臨挑戰〉的文章，對暴脹理論發起了空前的挑戰。他們聲稱，暴脹論沒有任何物理學證據。表面上看，這是因為斯泰恩哈特發明了一個與暴脹論競爭的理論，叫「火劫學說」，斯泰恩哈特希望透過徹底貶低暴脹論，來抬高火劫論的身價。

事情其實沒有這麼簡單，要知道，斯泰恩哈特也是暴脹理論的創始人之一，和古斯、林德一起以「宇宙暴脹模型」分享了理論和數學物理領域的最高榮譽——二〇〇二年的狄拉克獎章（Dirac Medal）。當然，在和古斯以及林德得到狄拉克獎章之後，大家似乎慢慢地將斯泰恩哈特排除出暴脹論的創始群體了，而將斯塔羅賓斯基拉了進來。

斯泰恩哈特當然不甘心，因此企圖推翻暴脹論，說最近的天文學證據更支持火劫論。這一下惹火了很多科學家，包括林德和霍金。他們聯合了其他三十一位科學家在《科學人》雜誌上發表了一封公開信，駁斥了斯泰恩哈特等三人。我是站在林德等人一邊的，因為，儘管火劫論也能解釋暴脹論所要解釋的一切，但是，暴脹論看上去更加簡單。

當然，這個故事其實有前傳。霍金曾經在《時間簡史》中暗示過斯泰恩哈特早期對暴脹論的貢獻來自他的一次演講，而霍金恰恰在那次演講中提到了林德對暴脹論的貢獻。

延伸閱讀

1. 我們都知道，當一個基本粒子的能量很高很高時，它的速度就很接近光速，一個由接近光速粒子組成的氣體叫「相對論性氣體」，因為計算這個氣體的性質需要用到相對論了。

2. 相對論性氣體有一個很簡單的性質，如同光子氣體——宇宙微波背景就是這樣的氣體：氣體的溫度隨著膨脹的尺度越來越低，並且與尺度的大小成反比。比如說，當宇宙半徑是今天的千分之一的時候，那時光子氣體的溫度是現在的一千倍，差不多三千克耳文。

3. 光子氣體的溫度是三千克耳文的時候，當時的宇宙發生了一件重要的事情，光子不再和電子、質子以及原子發生作用了，也就是說，宇宙作為一個媒介對光子來說變得透明了。這樣，光子氣體的問題與宇宙中其他物質開始變得沒有關係了。這也是今天宇宙微波背景基本與星系、恆星沒有關係的原因。

4. 宇宙對光子氣體變得透明的時候，年齡大約是三十八萬年。

5. 在宇宙變得透明之前，還有三個特殊的時刻值得記錄。第一個時刻是電子和正電子湮滅成光子，只剩下多餘的電子，那個時候，宇宙的溫度大約是五十億克耳文。

6. 第二個時刻是，當宇宙的溫度降低到十億克耳文，宇宙年齡大約是一百秒的時候，質子和中子開始合併成「氦原子核」，再晚一點，「鋰」這樣的元素也形成了，這個過程一直持續到宇宙年齡大約為二十分鐘的時候。

7. 宇宙中最輕的粒子當然是光子，它們沒有質量，所以能夠以光速運動。比光子稍微重一點的是微中子，存在三種不同的微中子，它們都有一點點質量。但是，物理學家至今還無法測量出它們的質量。這些粒子在今天也應該形成一種背景，很類似宇宙微波背景。我們知道，宇宙微波背景是宇宙對光子變得透明時留下來的。同樣，微中子背景也是宇宙對微中子變得透明時留下的，只是那個時刻很早很早，這就是我們要說的第三個時刻，比前面提到的兩個時刻還要早一些，那時宇宙的溫度大約是一百億克耳文。

8. 宇宙暴脹留下來的十萬分之一的不均勻性，在暴脹結束後，慢慢在萬有引力作用之下變大。在宇宙年齡三十八萬歲之後，電子和原子核形成原子和分子，這些原子和分子在萬有引力作用之下形成分子雲。除了光子背景輻射之外，宇宙一片黑暗，這個時代稱為「宇宙黑暗時代」。

9. 有些分子雲變得越來越密集，到最後，第一代恆星形成了，宇宙開始被照亮了，這個時候的宇宙年齡大約是一億年。那個時候，類星體也開始出現了。

10. 什麼是類星體呢？開始的時候，天文學家覺得它們像恆星又不同於恆星，才管它們叫類星體。這些天體可以很遙遠很遙遠。經過很長時間的研究，天文學家確定一個類星體中間有一個超級大黑洞，有的黑洞質量高達上百億個太陽質量。

11. 在一億年到十億年之間，星系開始形成。比如說，我們的銀河系大約就是形成於那個時代。

12. 我們在這一講中提到一個問題，就是為什麼在宇宙早期粒子比反粒子多一些，這個問題至今還沒有一個大家都公認的解答。

大統一理論是一種可能的答案。一般來說，大統一理論也預言了儘管質子的壽命很長很長，但也是有限的。可惜的是，至今物理學家做過的所有實驗還無法證明質子的壽命是有限的。

13. 暴脹結束的時候，粒子和反粒子同時出現了。一般認為，在暴脹結束的那一刻，粒子和反粒子是一樣多的，稍後一點，透過某種反應，粒子變得多了一點點。

14. 在暴脹結束的時候，除了粒子和反粒子之外，應該還存在著至少一種我們至今還沒有探測到的粒子，叫「暗物質粒子」。

15. 為什麼很多物理學家相信存在暗物質粒子呢？理由當然是間接的。我們知道，在太陽系中，距離太陽越遠的行星，繞太陽轉的速度越慢。同樣，在銀河系中，我們的太陽和其他恆星一樣，也繞著銀河系中心運行。萬有引力告訴我們，離銀河系中心越遠的恆星，運行的速度也該越慢。但是天文學家發現，恆星的速度並沒有明顯地慢下來，這說明銀河系中存在著大量我們看不見的物質，這些物質對恆星也產生萬有引力。現在，最流行的看法是，這些暗物質就是暗物質粒子雲構成的。

16. 暗物質粒子和物質粒子一樣，應該也是基本粒子，只是這些粒子的質量可能比電子的質量大得多。同時，暗物質粒子與物質粒子基本不發生作用，更不會發光，這是我們至今無法找到它們存在的直接證據的原因。

17. 在整個宇宙中，暗物質比物質要多出四到五倍。暗物質居然比物質還要多，這是二十世紀宇宙學的重大發現之一。

18. 沒有暗物質，我們無法解釋銀河系和其他星系中的恆星運動。同樣的，我們也無法去解釋星系的形成，因為儘管物質會形成恆星，但如果只有存在著物質，萬有引力不夠大，也不足以形成星系。

19. 在暗物質之外，居然還存在暗能量！暗能量在宇宙中所佔能量的比重比暗物質還要大，整個宇宙的能量大約有百分之七十是暗能量。這個事實太詭異了，科學家至今還無法解釋暗能量為什麼會存在。

20. 最後，我們提一下斯泰恩哈特等人的火劫論。這個理論認為，大爆炸之前的宇宙是塌縮的，宇宙塌縮到一定程度時，溫度變得特別高，然後開始反彈，開啟了宇宙大爆炸。儘管火劫論也可以解釋宇宙的均勻性和平坦性，但看上去太複雜了。

第四講

宇宙中最長壽的是？

古希臘有幾派哲學家，對宇宙的變化做過很多看起來可笑、仔細想想卻是深入的思考。

首先，宇宙必須是變化的，否則我們無法談論時間。我在第一講談計時的時候，就說過古人用日晷計時是利用日出日落，這就是變化。現代電腦裡的石英鐘則是利用石英晶體振動，最精確的原子鐘是利用光的振動。沒有變化，沒有運動，就不會有時間，所以，宇宙中的萬事萬物是不停地在變化的。

這樣看來，古希臘哲學家赫拉克利特（Heraclitus，前五三五～前四七五年）認為世界上所有的東西都在變化，是很自然的。這位哲學家有一句名言：「你不能兩次踏進同一條河流，因為新的水不斷流過你的身旁。」但是，如果我們仔細一想，就會覺得他的觀點有點問題。比如說，我們能不能將他的看法推廣到一切事物呢？如果下一個時刻的一塊石頭不是上一個時刻的那塊石頭，我們是不是要每時每刻給石頭重新命名？

當然，作為現代人，我們知道了，其實我們還是可以認為有些東西是不變的，例如一個基本粒子就是一個基本粒子；例如我們認為，上一個時刻的電子和下一個時刻的電子是完全一樣的。在古代希臘，最早看到這個最重要的現代物理學概念的人是德謨克利特（Democritus，前四六〇～前三七〇年）以及他的老師留基伯（Leucippus），這兩個人認為世界是由不可分割的原子構成的，只是，他們出生得太早了，根本無法用實驗來證明他們的想法。

在這一講，我們會談一談宇宙中的各種基本粒子和一些天體的壽命，這也是一個與時間有關的話題。

古希臘中，最聰明的一些人認識到，宇宙中的物質可以分割成不變的原子，但卻一直沒有得到證實，在時間的長河中，這種深刻的認識被遺忘了兩千多年。在物理學中，直到波茲曼為了解釋熱力學，才讓原子論復活。但是，正如我在第二講中談到的，波茲曼在世的時候，原子論一直沒有得到主流科學家的承認，直到愛因斯坦用原子論解釋了布朗運動，科學界才接受了原子論。

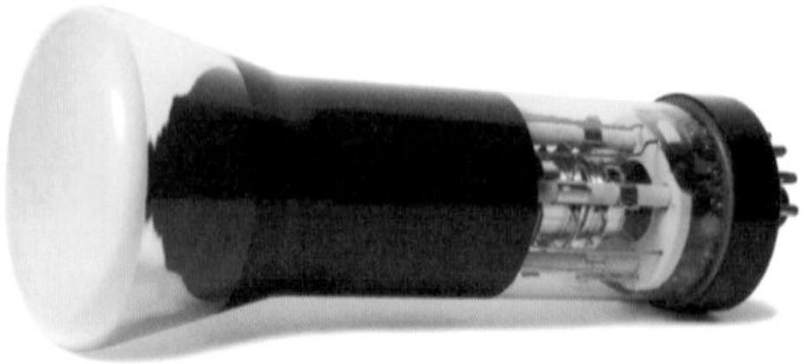

早期的陰極射線管。

現在我們都知道了，一個原子是由電子和原子核構成的。很有意思的是，電子的發現，卻比原子論被普遍接受的時間要早一些。

一八五八年，德國物理學家尤利烏斯．普呂克（Julius Plücker，一八〇一～一八六八年）用一種叫「陰極射線管」的東西做了一個重要實驗。什麼是陰極射線管呢？就是一個氣體比較少的玻璃管中間有一個電極。在這個實驗中，普呂克將陰極射線管接上電源，他發現，陰極射線管的管壁發出綠色螢光，他覺得可能有什麼東西在電極上被釋放出來了。到了一八七六年，另一位德國物理學家歐根．戈爾德斯坦（Eugen Goldstein，一八五〇～一九三〇年）認為這是從陰極發出的某種射線，並命名為「陰極射線」。

要再過一些年，物理學家才發現陰極射線其實是由一些微小到肉眼根本看不到的粒子組成的，這些粒子就是電子。一八九七年，英國物理學家湯姆遜將陰極射線放在電場和磁場裡，結果他發現，這些射線不但可以被彎曲，而且還可以被反射，如果陰極射線是波的話，就很難解釋這些現象。所以，湯姆遜認為陰極射線是由粒子組成的，他測量了這些粒子的電荷和質量的比例。他還用實驗證明了，不論這些陰極射線來自什麼氣體，質量都是一樣的。

後來，經過很多科學家的努力，原子模型被建立起來了：任何一個原子，中間都是一個原子核，周圍是一些電子。例如在最輕的原子中，中間是一個最簡單的原子核，也就是質子，外面是一個電子。並且，電子要比質子輕大約兩千倍。

如果我們單獨將電子隔離出來，一般認為，電子的壽命是無限的，也就是說，電子會永遠存在下去。所以，電子看上去最接近德謨克利特心目

中的「原子」，永遠不會改變，永遠存在下去。當然啦，如果我們將電子和它的反粒子，也就是正電子放在一起，電子就不會永遠存在下去了，電子和正電子會找到對方，湮滅成光子。我在《給孩子講相對論》中談到了狄拉克是如何預言正電子的，也談到了電子的一位「老大哥」——緲子。

地球上的物質都是分子和原子，也就是電子和原子核構成的。那麼，緲子是怎麼被發現的呢？二十世紀上半葉，一些好奇心很重的物理學家將可以測量電荷的靜電計放在氣球上，然後把氣球放到數千公尺高的高空，發現了很多在地面上看不見的宇宙射線。正如陰極射線是由電子組成的一樣，這些宇宙射線也是由一些粒子組成的。

一九三六年，美國物理學家安德森（Carl David Anderson，一九〇五～一九九一年）在宇宙射線中發現，有一種粒子在磁場中彎曲得比質子射線厲害，卻不如電子射線的彎曲程度。如果假設這種粒子的質量比質子小，比電子大，那麼就可以解釋這種現象，比如說，這種粒子比質子輕，在磁場中就比質子容易彎曲。安德森就這樣發現了一種新的基本粒子，這

站在熱氣球中間的赫茲。

種基本粒子就是緲子。

緲子的電荷和電子完全一樣，質量卻比電子大了差不多兩百倍。但這並不讓人驚訝，讓人驚訝的是，緲子不像電子那樣壽命是無限的，它的壽命非常短，只有五十萬分之一秒。

好奇的讀者可能會問了，那個時候原子鐘還沒有被發明出來，科學家是怎麼測量這麼短的壽命的呢？其實，當我們討論一個粒子的壽命的時候，我們是假設這個粒子的速度等於零，也就是靜止的。現在，愛因斯坦的相對論就派上用場了。大家還記得吧，在愛因斯坦的相對論裡，對一個運動的物體來說，它的內部運動看上去是慢動作的，比如說一個運動的時鐘走得比靜止的時鐘要慢一點。越是以接近光速運動的物體，內部運動的動作越慢。同樣，一個粒子在飛速運動的時候，壽命比靜止的時候要長。在宇宙射線中的緲子，運動速度非常接近光速，所以緲子的壽命其實是很長的。

儘管飛速行進的緲子壽命可以被任意拉長，靜止的緲子的壽命卻十分短，短到我們用普通的石英鐘都無法計量。為什麼緲子的壽命這麼短呢？在基本粒子的世界，其實我們應該問一個相反的問題，相比於緲子，為什麼電子的壽命可以無限長呢？這是因為，根據我們的經驗，自然中任何事物的壽命通常是有限的，一個生物是如此，甚至一塊沒有生命的石頭也是如此。

拿一塊石頭來說，只要石頭暴露在空氣中或水裡，就會被侵蝕，時間長了，就會風化或者變成更小的石頭。從原子分子的觀點來看，石頭是由原子分子構成的，這些原子和分子當然可能分離出一些，如此一來，一塊石頭就會變小，甚至徹底消失。

那麼，物理學家是如何看待基本粒子的呢？就像古希臘人一樣，現代物理學家是這樣定義一個基本粒子的：它不能被分割成更小的粒子。基本粒子本身無法再被分割，卻會從一種基本粒子變成另一種基本粒子，或者更多的基本粒子。而導致這種變化的，就是十九世紀末發現的兩種新的相互作用。

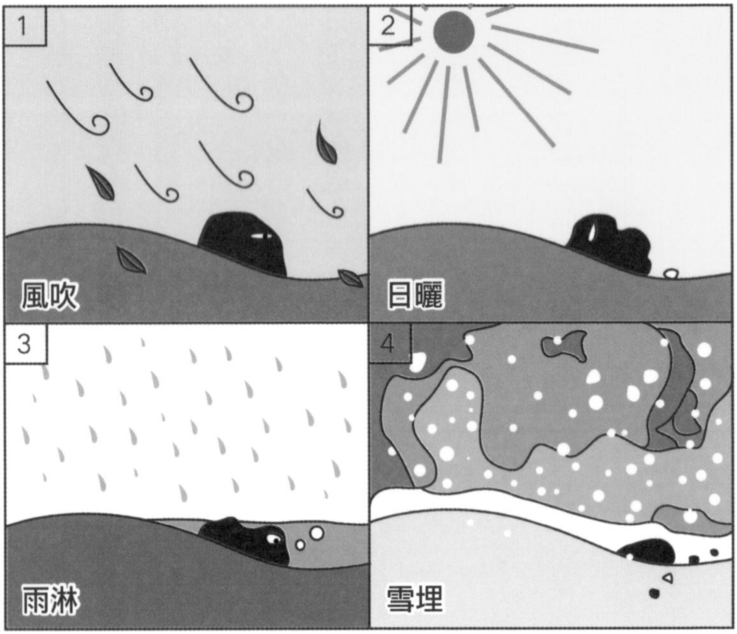

一顆石頭被侵蝕的過程。

第一種新相互作用，和某些原子核不穩定有關，這種不穩定現象又叫放射性。放射性涉及的相互作用被稱為「弱交互作用」，原因是這種作用比電磁力小很多。第二種新相互作用，就是將質子和中子結合在一起形成原子核的力，這種力比電磁力還要大很多，因此叫「強相互作用」。

在此之前，人類已經知道自然界存在兩種基本相互作用，或兩種基本力，一種就是「萬有引力」，另一種是「電磁力」。發現原子核放射性之後，人類才發現，原來在這兩種力之外，還有別的力存在。

最初發現放射性的人是法國物理學家亨利・貝克勒，和歷史上很多重要物理學發現一樣，貝克勒發現放射線也是非常偶然的。

一八九五年，倫琴（Wilhelm Conrad Röntgen，一八四五～一九二三年）發現了X射線，儘管這是非常重要的發現，但X射線本身也是光子。倫琴在第二年年初公布了他的發現，轟動了世界，消息傳到巴黎，法國科學院就討論了倫琴的發

倫琴。

現。貝克勒正好在場，他得知這種射線是陰極射線管打在物質上發出的，第二天就開始在自己的實驗室裡用螢光物質做試驗。他用兩張厚的黑紙把感光底片包起來，然後把鈾鹽放在用黑紙包好的底片上，他發現底片居然感光了，這說明鈾鹽會發出一種射線，也許是X射線。經過反覆試驗，他終於確認這與X射線無關，而是鈾元素自身發出的一種射線，他把這種射線稱為「鈾輻射」。一八九六年五月十八日，他在法國科學院報告說：「鈾輻射是原子自身的一種作用，只要有鈾這種元素存在，就不斷有這種輻射產生。」後來我們都知道了。鈾原子核本身不穩定，它的壽命是有限的，會衰變成其他元素的原子核。

現在我們知道了，放射性涉及很複雜的過程，其中一種過程就是弱交互作用。科學家經過長達七十年的研究，終於弄明白了弱交互作用到底是怎麼回事。有一件事情非常重要，在自然界中，除了光子之外，所有基本粒子都參與弱交互作用。

現在，我們可以解釋孤立的電子為什麼壽命是無限的，而緲子的壽命很短。電子和緲子都參與弱交互作用，這兩種粒子看起來很像，只是緲子比電子重了兩百倍。電子為什麼壽命是無限的呢？電子不可能透過弱交互作用衰變成其他粒子，因為它是帶電粒子中最輕的，如果它衰變，衰變的產物必須有一個比它更輕的，所以它不可能衰變。

緲子就很不幸了，因為電子比它輕，它就可以衰變成電子加上其他粒子。真實的結果是，緲子會衰變成電子再加上兩個微中子。那麼，科學家為什麼會花上七十年才弄清楚弱作用呢？就拿緲子來說，它的衰變過程還挺複雜的。緲子先衰變成一個微中子和一個叫W玻色子的東西，然後W玻色子再衰變成電子和另一個微中子。

下頁的圖，展示了緲子衰變的過程，其中有三個粒子帶有負號，意思是這些粒子帶一個負電荷。兩個微中子還有兩個不同的下標，這是因為它們是兩種完全不同的微中子。科學家經過漫長的研究，終於在一九六〇年代預言了W玻色子的存在，預言這種粒子的人，就是我們在上一講中提到的溫伯格，以及他的中學同學格拉肖（Sheldon Lee Glashow，一九三二

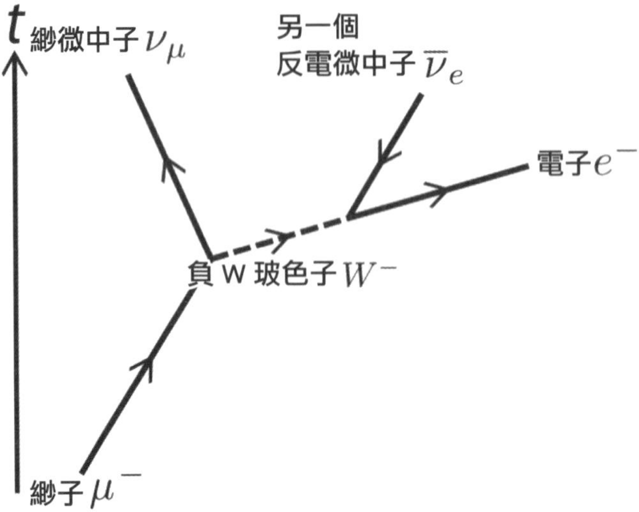

緲子衰變的過程。

年～）。

現在說一說溫伯格和格拉肖的故事，這兩個人是中學同學，當然他們預言W玻色子的時候，早已不是中學生了。因為這兩個人一生中的很多事情都有關聯，所以我們同時講他們的故事。

首先，溫伯格的全名是史蒂文·溫伯格，而格拉肖的全名是謝爾登·格拉肖。他們的出生地都是紐約市，而且都是猶太人。格拉肖比溫伯格大幾個月，格拉肖是一九三二年年底出生的，溫伯格是一九三三年五月出生的。巧合的是，他們進入同一所中學，也就是紐約的布朗克斯理科中學，並成了同班同學。這是一所很有名的中學，又是一家以科學為特色的中學，因此兩位同學在中學時學習上就有了競爭。

猶太人有一個特點，就是希望後代成為知識分子，在精神領域獲得成就。格拉肖的父母是來自俄國的移民，父親是一名管線工人，這樣的家庭背景使得格拉肖從小就努力好學，希望脫離父母的階級。無獨有偶，溫伯格的父母也是移民。他們在一九五〇年從中學畢業後都考上了康乃爾大學，同時在一九五四年畢業。大學畢業後，溫伯格前往哥本哈根大學的尼爾斯・波耳研究所當了一年研究生，然後又前往普林斯頓大學，並在一九五七年拿到博士學位，真是神速，那一年他才二十四歲。格拉肖從康乃爾大學畢業後，直接去了哈佛大學讀研究所，不過他拿到博士學位的時間比溫伯格晚了兩年。格拉肖拿到博士學位之後，去了哥本哈根，在尼爾斯・波耳研究所隔壁的北歐理論物理研究所做博士後。

儘管格拉肖比溫伯格晚兩年才拿到博士學位，但他也挺幸運的，因為他的指導教授是另一位著名猶太裔美國物理學家施溫格（Julian Schwinger，一九一八～一九九四年）。為什麼說他很幸運呢？正是他的導師施溫格影響了他，讓他對弱交互作用產生興趣。在那個年代，儘管物理學家發現了很多與弱交互作用有關的現象，比如緲子會衰變，中子也會透過弱作用衰變（我稍後再談這個事情），但物理學家們還沒有提出一個解釋弱作用的理論。

當格拉肖在研究所的時候，有一天突然有了靈感，他想，弱作用很弱，這說明有一個中間過程，而這個中間過程發生起來很困難。什麼是中間過程呢？比如說電磁力，一個電荷通過產生電磁場去影響另一個電荷，產生電磁場的過程就是中間過程。在第二次世界大戰之後，格拉肖的老師施溫格以及另一名著名物理學家費曼（Richard Phillips Feynman，一九一八～一九八八年）已經弄清楚了電磁力的完整理論，電荷產生電磁場的過程可以看成電荷發出一個光子，當這個光子被另一個電荷接收之

透過閱讀，
培養汲取知識的習慣。

後，另一個電荷就感受到了一個力。

在左邊這張圖中有兩個電子，還有一個光子用希臘字母表示。我們都知道，光子的質量為零，因此電子很容易輻射它，這樣我們就能解釋為什麼電磁力比較強，同時電磁力也能傳遞得很遠。

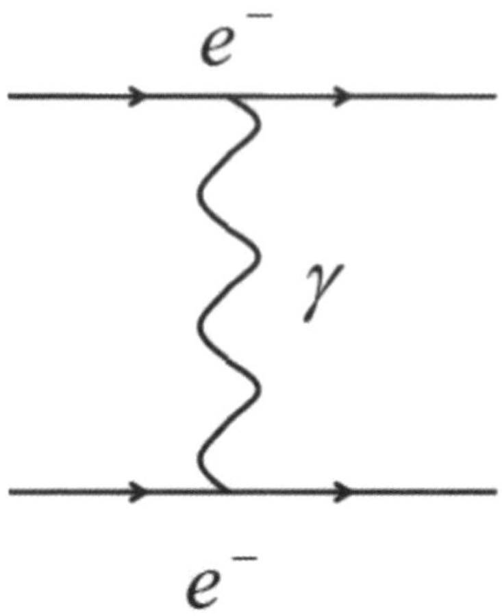

光子的質量為零，電子很容易輻射它。

回到格拉肖在氣候陰沉的哥本哈根獲得的靈感。他想起他的老師施溫格曾經說過，弱作用也是透過一種像光子一樣的粒子傳遞的，只不過這種粒子的質量比較大。當然，施溫格之前並沒有解決弱作用這個難題，因為，後來格拉肖意識到，需要三種新粒子才能完全解釋弱作用，這是格拉肖在哥本哈根獲得的最重要的靈感。格拉肖想到的三種粒子都是什麼呢？一種就是前面緲子衰變過程中出現的那個帶負電的粒子，又叫負W玻色子，第二種是負W玻色子的反粒子，也叫正W玻色子，它會出現在反緲子衰變的過程中。格拉肖想到的第三種粒子，叫Z玻色子，不帶電。因為這三種新的基本粒子都在弱作用過程中扮演重要的角色，所以叫作規範玻色子。三種規範玻色子都很重，W玻色子比質子重了八十倍，Z玻色子比質子重了九十一倍。正因為這些粒子都很重，所以緲子這樣的粒子在發出它們時比較困難——就像我們要丟出一個很重的鉛球。這樣的話，弱相互作用相比電磁力就弱很多，而且傳遞得也不遠。弱相互作用傳遞得不遠，就可以解釋為什麼它只在原子核內發生了。

格拉肖隨後在一九六一年發表了關於弱作用的論文，這篇論文後來為他贏得了諾貝爾獎，當然，格拉肖不得不和另外兩位物理學家共享這個諾貝爾獎，其中一位就是溫伯格。

看來，從中學時代就競爭的兩位同學中的格拉肖贏得了第一步。從一九六六年起，溫伯格就開始思考競爭對手格拉肖的理論，他發現這個理論有一個重大的缺陷，如果把量子力學在其中扮演的角色考慮進來，即會出現問題。這個問題很專業，我就不仔細說明了。總結成一句話，溫伯格在格拉肖理論的基礎上引進了第四種粒子，這種粒子很有名，叫作上帝粒子[1]。有了上帝粒子，整個弱作用理論就完美了。一九六七年，溫伯格發表了完整的理論，在這個理論中，溫伯格還順手將電磁力也包括了進來。比溫伯格晚一年，在歐洲工作的巴基斯坦物理學家阿卜杜勒．薩拉姆（Abdus Salam，一九二六～一九九六年）也發表了和溫伯格一樣的理論。一九七九年，格拉肖和溫伯格以及薩拉姆一同獲得了諾貝爾物理學獎。

正因為規範玻色子的存在，很多基本粒子就有了有限的壽命，例如，緲子的壽命大約是五十萬分之一秒。其實，規範玻色子的壽命更短。就拿負W玻色子來說，它自己就會衰變成電子和微中子，因此它的壽命只有大

1 編按：希格斯玻色子的別稱。

約億億億分之一秒。Z玻色子也會衰變，比如說衰變成一個電子和一個正電子，同樣，它的壽命也只有億億億分之一秒。

讀者都知道，原子是由電子和原子核構成的，原子核又是由質子和中子構成的。但是大家可能不知道，中子本身只有在原子核中才是穩定的，一出了原子核，它就不穩定了。原因是什麼呢？簡單地說，中子的質量比質子大了一點點，所以會衰變成質子，加上一個電子，再加上一個微中子。為什麼質量大一定會衰變呢？早在一九〇五年，愛因斯坦就根據他的相對論得到「質量即是能量」的結論，粒子的質量大，能量就大，通常也就不穩定，這就像一個鐵球放

薩拉姆。

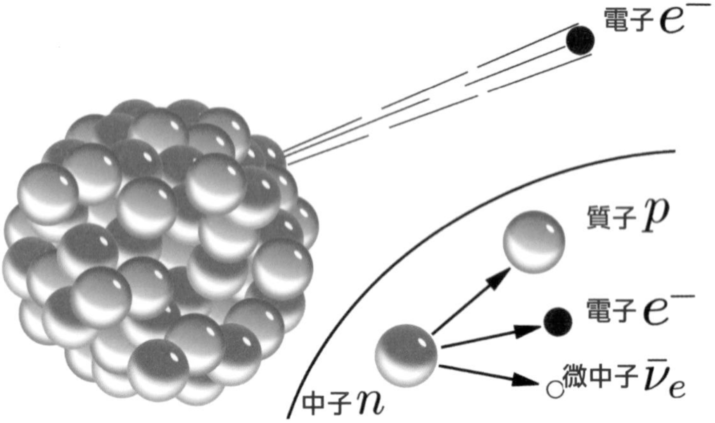

原子核透過中子衰變的示意圖。

在山坡上會滾下來一樣。中子不帶電，它如果衰變成一個質子，就必須順帶一個電子，這樣質子加電子的總電荷為零。

中子因為會衰變，在真空中也就有了有限的壽命，但它的壽命比緲子可長多了，大約有十四分鐘半。當然，科學家早就搞清楚了，原來有些不穩定的原子核，就是因為裡頭的中子不穩定造成的，這就是著名的衰變。

你可能會問了，為什麼中子的壽命是十四分鐘多，但好多原子核的壽命比這個時間長很多很多呢？答案是，在不穩定的原子核中，中子的能量比它在真空中的能量要小，這是它們受到了原子核中質子和其他中子吸引的緣故。

到了一九六〇年代，一些物理學家發現，要解釋原子核中質子和中子的互相吸引，必須假設質子和中子都不是基本粒子，而是由一種叫夸克的基本粒子構成的。但是，人們從來沒有見過夸克，這怎麼辦？有一個很簡單的辦法，你可以假設在質子以及中子中，夸克是由弦一樣的東西連接起來的，如果你拚命想拉斷弦，弦是會斷的，但是在斷弦的兩端又會出現新的夸克，也就是說，夸克從來不單獨出現，它們總是出現在弦的兩端。讓大家參考上圖，看看質子的情況：

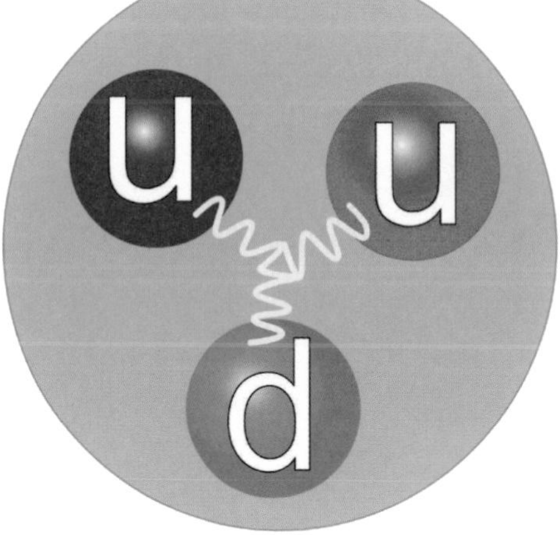

從來不會單獨出現的夸克，總是會出現在弦的兩邊。

我們看到，質子中有三個

夸克，兩個u夸克，一個d夸克，那三根彈簧一樣的東西就是我前面說的弦。比方說，假定我們拚命拉右上方的那個紅色的u夸克，弦斷了，但會出現兩個新的夸克，一個連著原來的紅色u夸克，成為一個新的粒子，另一個夸克還是和藍色的u夸克以及綠色的d夸克待在一起，成為新的質子。當然啦，我們不可能真的跑進質子裡頭拉扯夸克，物理學家是在加速器中用別的粒子轟擊質子，這樣質子的能量就會變大，弦也就被拉斷了。

現在，我們知道了質子是如何由夸克構成的，那麼中子呢？上面就是中子由夸克構成的情況。

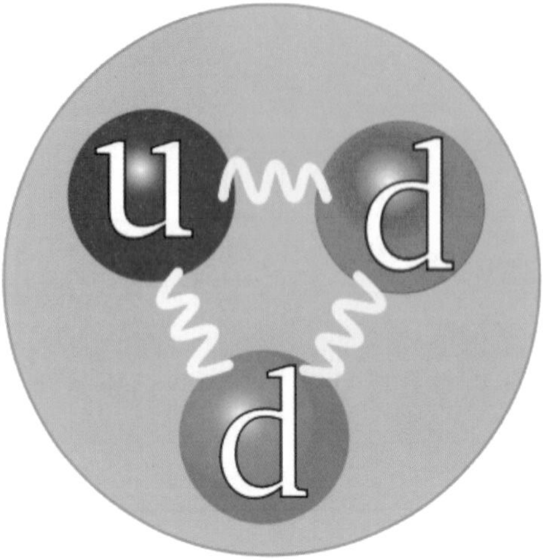

夸克構成中子示意圖。

參考上圖，對比一下質子，我們看到，質子裡面右上方

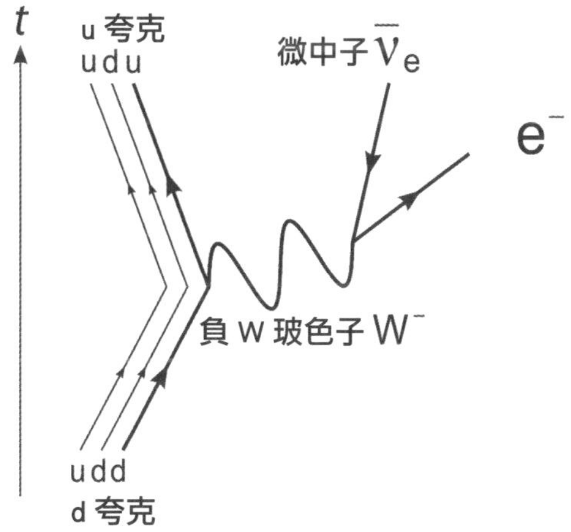

d 夸克衰變示意圖。

的紅色u夸克被紅色d夸克取代了，這就是中子和質子的一點不同。正是這點不同，使得中子的質量比質子大一點點，原因是d夸克比u夸克重一點點。聰明的讀者這時可能會想到，中子衰變成質子正是由紅色的d夸克衰變成紅色的u夸克造成的。

沒錯，情況正是這樣，再看上圖。大家看到，d夸克透過先衰變成u夸克和負W玻色子，負W玻色子再衰變成一個電子加一個微中子。這不就像緲子的衰變情況嗎？沒錯，溫伯格當年已經預言了這個衰變，或者說，他重新解釋了中子衰變。

那麼，現在我們可能會問了，夸克到底是誰提出來的呢？想到夸克的人，不是一個物理學家，而是兩個物理學家，他們在不同的地方各自想到的。這兩個人，一個叫蓋爾曼（Murray Gell-Mann，一九二九年～），我在《給孩子講相對論》裡曾談到他。另一個人叫茨威格（George Zweig，一九三七年～），這個茨威格不是那個著名作家[2]，而是另一個人，兩個不同的茨威格差了五十多歲呢。

夸克這個古怪的名字是蓋爾曼想出來的。我在《給孩子講相對論》中提到過，蓋爾曼這個人懂得好多語言，正因為如此，他居然看得懂一本幾乎是天書的小說，叫《芬尼根的守靈夜》[3]。這本小說反正我看不懂，因為裡面出現好幾種歐洲語言。根據蓋爾曼自己說：「一九六三年，我把核子的基本構成命名為『夸克』（quark），我先想出的是聲音，而沒有拼

---

2 編按：史蒂芬．茨威格（Stefan Zweig），著名奧地利猶太裔中短篇小說作家。

3 編按：Finnegans Wake，愛爾蘭作家喬伊斯（James Joyce）最後一部長篇小說，歷時十七年寫成。這是一部融合神話、民謠與寫實情節的小說，喬伊斯在書中大玩語言與文字遊戲，採用五十多種不同語言寫成，甚至包括自創的「夢語」，或將字辭解構重組，是一部公認晦澀難讀的小說。

在我偶然
翻閱詹姆斯·喬伊斯所著的《芬尼根的守靈夜》時，我在「向麥克老大三呼夸克」這句中看到夸克這個詞……
ACE
蓋爾曼（左）與茨威格（右）。

法，所以當時也可以寫成『郭克』（kwork）。不久之後，在我偶然翻閱詹姆斯．喬伊斯（James Augustine Aloysius Joyce，一八八二～一九四一年）所著的《芬尼根的守靈夜》時，我在『向麥克老大三呼夸克』這句中看到夸克這個詞。由於『夸克』字面上意思為海鷗的叫聲，很明顯是要跟『麥克』及其他這樣的詞押韻，所以我要找個藉口讓它讀起來像『郭克』。但是書中代表的是酒館老闆伊厄威克的夢，詞源同時有好幾種。書中的詞，很多時候是酒館點酒用的詞。所以我認為，或許『向麥克老大三呼夸克』源頭可能是『敬麥克老大三個夸脫』，那麼我要它讀『郭克』也不是完全沒根據。再怎麼樣，字句裡的『三』跟自然中夸克的性質完全不謀而合。」

怎麼樣，上面這段話已經充分顯示蓋爾曼的語言能力了吧？其實也顯示了蓋爾曼這個人喜歡賣弄的性格。那麼茨威格是怎麼稱呼夸克的呢？他取了一個後來被大家遺忘的名字：埃斯，也就是撲克牌裡的那個A。

好了，基本粒子的壽命我們就談到這裡，接下來我們談談宇宙中其他

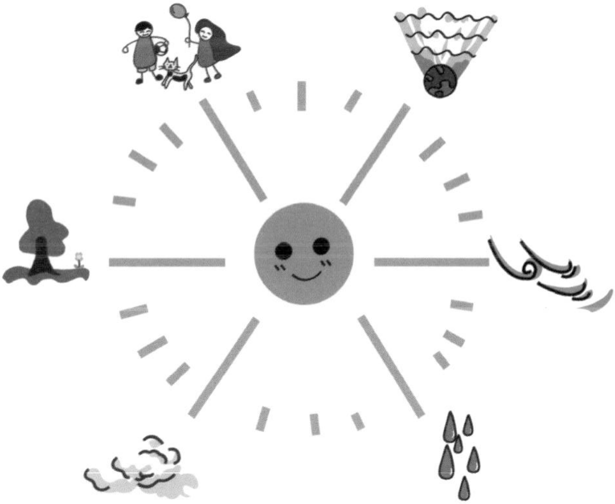

萬物都倚賴太陽生長。

東西的壽命。

首先，我們最關心的就是太陽的壽命了。俗話說「萬物生長靠太陽」，太陽不僅照亮了我們的世界，也是地球上幾乎一切能源的來源，我們地球上的大氣，以及水在陽光的照耀下形成風以及雲彩，植物在陽光的照耀下得以生長等等。那麼，陽光是怎麼產生的呢？這件事被科學家弄清楚，也不過八十年的時間。原來，太陽裡面的溫度高到讓氫原子核不斷地轉變成氦原子核，在轉變的過程中，一些能量變成了光，這就是熱核聚變過程。儘管有大量的能量被產生出來，但這種過程還是比較慢的，這樣，我們的太陽的壽命據估計大約還有五十億年。等太陽中心的氫經過熱核聚變都轉變成了氦，一種叫「氦閃」的短暫爆炸過程就會發生，太陽的外層被爆炸向外推，形成了紅巨星。這個紅巨星十分巨大，外圍將波及我們的地球。

因為太陽已經存在了大約五十億年，而太陽的壽命一共有一百億年左右。太陽變成紅巨星時，它的內核會變成一種叫「白矮星」的東西。

我們會問，那麼其他恆星的壽命有多大呢？科學家經過計算發現，恆星越大，壽命就越短。當然，這裡的「大」指的不是這顆恆星直徑有多大，而是指恆星的質量。為什麼越大的恆星壽命越短呢？答案其實很簡單，恆星越大，內部的溫度就越高，熱核聚變的速度也就越高，這樣的恆星會很快將氫燒完。如果一顆恆星的質量比太陽大很多，在它燒完燃料的最後階段會爆炸，變成超新星。比如說，蟹狀星雲就是一顆超新星爆發後

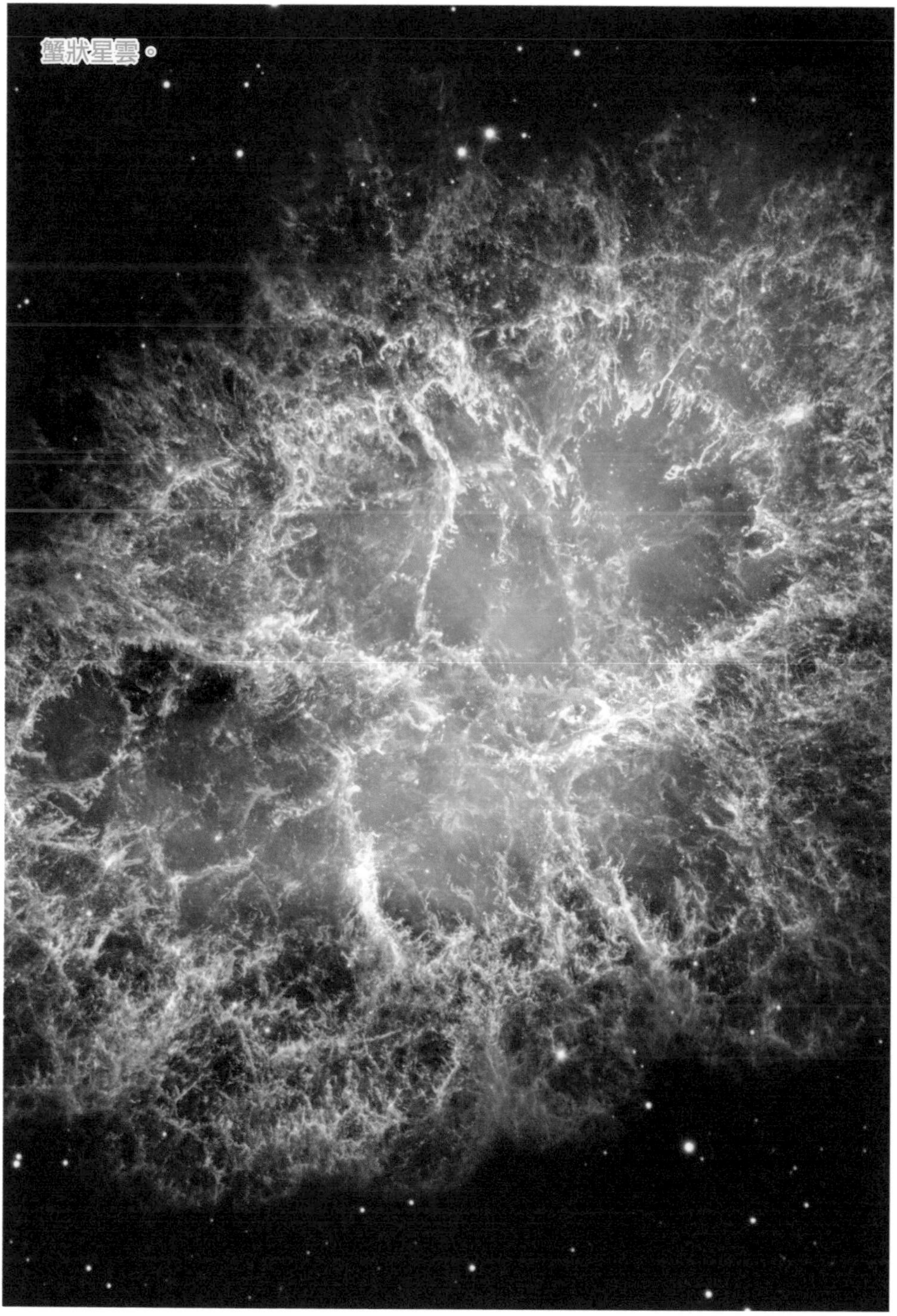

蟹狀星雲。

留下的遺跡。

前面說了，恆星質量越大，壽命就越短。質量最大的恆星的壽命只有幾百萬年，它們變成超新星爆發後，中心的物質還有很多，一般都變成了黑洞。質量中等的恆星，例如我們的太陽，壽命大約有一百億年或者稍微短些。還有的恆星質量不到太陽的一半，這些恆星的壽命都很長，最長的可以達到幾千億年，比宇宙目前的年紀要大多了。

不同恆星爆炸後的結局不同，小恆星的中心會變成白矮星，中等恆星的中心會變成中子星，大恆星的中心會變成黑洞。從現有的知識來看，黑洞的壽命最長了，這是為什麼呢？

幾十年前，科學家認為因為黑洞不發光，也沒有任何其他能量會從黑洞裡面跑出來，這樣黑洞就會永遠存在下去，也就是說，黑洞的壽命是無限長的。一九七三年，情況發生了改變，著名的物理學家霍金發現，黑洞本身並不黑。一九七三年九月，霍金訪問莫斯科，和當時蘇聯幾位傑出的物理學家討論，他們告訴霍金，按照量子力學的不確定性原理，一個轉動的黑洞應該輻射粒子。霍金覺得這個說法有根據，但卻不喜歡他們的計算方法。很快的，兩個月過後，霍金在牛津大學的一次非正式討論會上公布了他的結論，他發現不轉動的黑洞也能輻射粒子。

這是怎麼一回事呢？首先，我要讓大家回顧一下量子力學的不確定性原理。根據量子力學，任何物體其實並不像我們以為的那樣，時時刻刻都有確定的位置。一般來說，一個粒子會同時在很多地方。粒子的位置是不確定的，其實任何物理對象都有不確定性，甚至真空也有不確定性。物理學家將狹義相對論和不確定性原理結合，然後發現，真空中會不停地產生粒子和它們的反粒子，只是，這些正反粒子成對地出現又成對地消失，平時不可能被我們看到。現在，霍金將黑洞放了進來，他發現，在黑洞的邊緣，正反粒子當然也成對地出現和消失，但是，由於黑洞的強大引力，會有一定機率將一對粒子中的一個吸入黑洞，而另一個粒子逃離了黑洞，這樣，從表面上看，黑洞就輻射出了一個粒子。

你或許會問，黑洞的邊緣不是連光都跑不出來嗎，那麼，這個粒子是怎麼跑出來的？這就是量子力學奇妙的地方了。其實，早在一九二〇年代，伽莫夫（George Gamow，一九〇四～一九六八年）就用量子力學成功地解釋了原子核裂變。根據經典理論，一個原子核中的粒子是不可能跑出來的，但是，不確定性原理容許一個粒子有一定機率跑出來。同樣，在黑洞的邊緣，一個粒子也有一定的機率跑出來。真空中成對的粒子出現，其中一個粒子會跑出來，都是不確定性原理的結果。

這樣，霍金完成了著名的黑洞輻射的發現。但是，宇宙中的黑洞往往很大，黑洞越大，輻射就越慢。經過計算，物理學家發現，任何一個宇宙中的黑洞通過黑洞輻射消失的時間都是不可思議地長，遠遠長於一個小恆星的壽命。

總結一下，宇宙中最長壽的是孤立的電子，電子消失只有一種可能，就是當它遇到一個正電子時。至於質子，很可能也是最長壽的。中子的壽命很短，其他基本粒子的壽命就更短。黑洞是最長壽的天體。

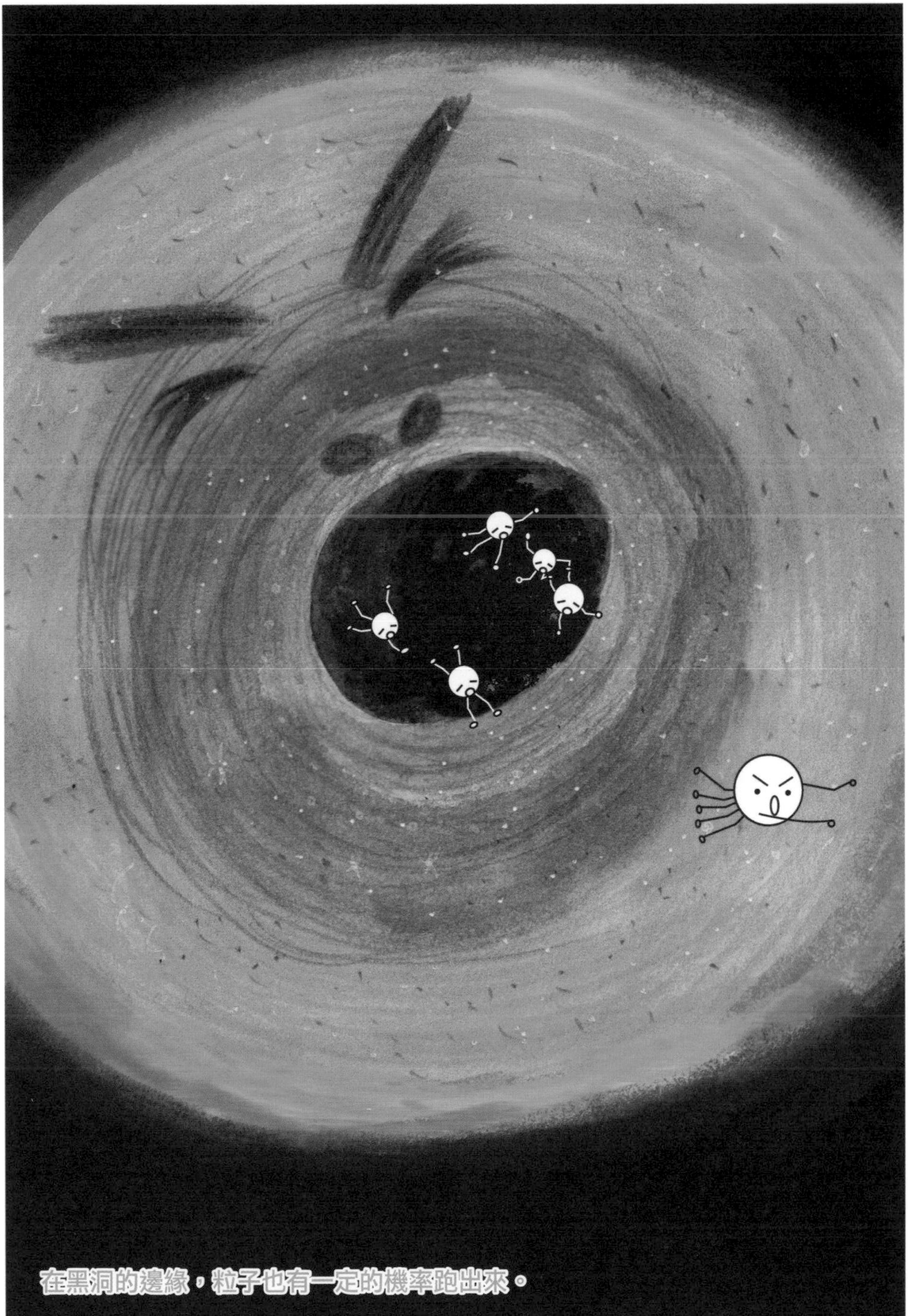
在黑洞的邊緣，粒子也有一定的機率跑出來。

延伸閱讀

1. 古希臘哲學家對萬物的變化有兩種截然相反的看法，我在正文中談到了赫拉克利特的看法，他認為沒有任何事物會保持不變，不僅下一刻的河流和上一刻的河流是不同的，連下一刻的我也不是上一刻的我。另一個極端的看法是巴門尼德（Parmenides，約西元前五一五～前四四五年），他認為真正的存在是不變的，那些看上去會變化的東西都是幻象。

2. 以今天的觀點來看，赫拉克利特的看法可能更接近真實，任何存在的事物由基本粒子組成，但基本粒子本身也不斷地產生和消失。我們談到過真空本身也很複雜，其實不停地有粒子成對地出現和消失。就拿我自己來說，組成我身體的一些原子，在三千年前可能有一些是組成孔子身體的原子。

3. 我們說過，電子獨立時，壽命是無限的，這是因為電子的電荷必須守恆，如果我們想讓一個電子消失，但必須保留這個電子的電荷，而電子是攜帶這個電荷最輕的粒子，因此我們沒有辦法讓它消失。如果電子不是孤立的，而是和一個正電子在一起，整個系統電荷為零，電子和正電子就可能湮滅，變成兩個光子。

4. 我們從前面的內容可以推論出，電子是宇宙中最古老的化石之一，因為今天存在的電子是宇宙大爆炸開始時，比正電子多出的那一部分。

5. 除了電子之外，宇宙中應該存在很多微中子，這些微中子很像宇宙微波背景，無處不在。我在上一講的「延伸閱讀」中有提到，這些微中子是宇宙處於大約一百億克耳文高溫時遺留下來的。

6. 宇宙微波背景也是很古老的化石，它們是宇宙年齡為三十八萬歲時遺留下來的。儘管微中子更加古老，但目前的科學手段還無法探測到它們，因此研究宇宙微波背景就很重要，可以為我們帶來古老宇宙的信息。

7. 現在宇宙中物質質量的大約百分之七十五是氫原子核，其餘近百分之二十五的質量是氦原子核，多數氦原子核是宇宙大爆炸時產生的，少數是恆星內部熱核聚變產生的。如果考慮到氦原子核比氫原子核大約重兩倍，那麼宇宙中的原子核數量的百分之九十左右是氫原子核，百分之十左右是氦原子核，其他原子核佔的比重都很小。

8. 我們在正文中說了質子和中子都是三個夸克構成的，有兩種夸克：u夸克和d夸克。我們還為這些夸克標記了顏色，這是為了方便，的確，對每一種夸克來說，我們還需要三個記號，為了方便起見就用了顏色。這些多出的三個記號，是物理學家在一九六〇年代發現的，發現人之一是日裔物理學家南部陽一郎（Yoichiro Nambu，一九二一～二〇一五年）。

9. 宇宙大爆炸之後，最初炙熱的粒子氣體中沒有質子和中子，只有夸克，後來，當宇宙溫度降到大約一萬億度時，質子和中子才出現。質子和中子是比微中子還要古老的化石。

10. 所有不穩定的粒子，緲子也好，W玻色子也好，在宇宙中都很不常見，因為它們的壽命太短了。宇宙射線中的緲子，來自宇宙射線中的其他粒子與大氣的碰撞。W玻色子通常只在加速器中出現，出現後很快就衰變成電子和微中子了。

11. 溫伯格和格拉肖的理論，今天又叫電弱交互作用，因為它同時解釋了弱交互作用和電磁交互作用。我在第三講中談到的更大的統一理論，試圖統一弱電理論和強交互作用。這種理論通常預言質子也是不穩定的，儘管它的壽命比宇宙的年齡還要長很多。我在第三講的「延伸閱讀」中提到，目前並沒有探測到任何一個質子的衰變，因此還沒有大統一理論的證據。

12. 除了u夸克和d夸克之外，還存在四種別的夸克，這些夸克比u夸克和d夸克更重，因此並不存在於自然狀態中，物理學家可以在加速器中產生含有這些夸克的粒子。

13. 最重的夸克叫t夸克，或者叫頂夸克。t夸克是物理學家迄今發現最重的粒子，它的質量約是質子的一百七十二倍，壽命和W玻色子差不多。

14. 和很多天體相比，太陽系包括太陽、地球和其他行星，相對說來還算年輕——儘管太陽系已經存在大約五十億年了。

15. 五十億年後，太陽中心的氫聚合成氦的核反應結束，太陽外圍膨脹成紅巨星。此時太陽中心中的氦聚變成碳原子核和氧原子核，最後，紅巨星外層再一次爆炸，變成行星狀星雲，太陽內部成為白矮星。

16. 其他質量和太陽相差不大的恆星，最後的命運和太陽類似，外部成為行星狀星雲，內部成為繼續發熱的白矮星。白矮星的質量通常依然很大，和恆星原來的質量差不多，但尺寸要小很多，和地球差不多大。這就使得白矮星的密度特別高，每立方公分高達一噸，甚至更高。

17. 離我們最近的白矮星只有八點六光年，是最近的恆星比鄰星的兩倍多一點。白矮星通常還會發光，溫度高一點的白矮星發藍光，溫度低一點的白矮星發紅光。

18. 白矮星發光的原因，是當它剛形成的時候溫度還很高。但白矮星內部不再有核反應，因此會慢慢冷卻，直到最後不會發光，成為黑矮星。根據計算，從白矮星到黑矮星至少需要一千萬億年的時間，這個時長比現在的宇宙年齡大太多了，因此宇宙中現在還沒有黑矮星。

19. 一個比太陽大得多的恆星內部最後不會成為白矮星，而是要不成為中子星，要不成為黑洞。中子星的質量比白矮星大，黑洞的質量比中子星大。中子星的個頭一般比地球小得多，大約是一萬公尺的樣子，因此中子星的密度比白矮星還要大很多，高達每立方厘米一億噸到十億噸。

20. 剛形成的中子星表面溫度非常高，但幾年後就下降到一百萬度左右，這個溫度比太陽表面溫度的六千度左右高得太多了，因此一顆中子星輻射的能源要比太陽大得多。

讀懂時間簡史的第一本書：
大科學家講時間的故事，帶你探索物理科學及宇宙生成的奧祕
给孩子讲时间简史

作　　者　李淼
封面設計　巫麗雪
內頁排版　高巧怡
校　　對　謝惠鈴
行銷企劃　林瑀
行銷統籌　駱漢琦
業務發行　邱紹溢
責任編輯　何維民、何韋毅
總 編 輯　李亞南
出　　版　漫遊者文化事業股份有限公司
地　　址　台北市松山區復興北路331號4樓
電　　話　(02) 2715-2022
傳　　真　(02) 2715-2021
服務信箱　service@azothbooks.com
網路書店　www.azothbooks.com
臉　　書　www.facebook.com/azothbooks.read
營運統籌　大雁文化事業股份有限公司
地　　址　台北市松山區復興北路333號11樓之4
劃撥帳號　50022001
戶　　名　漫遊者文化事業股份有限公司
初版一刷　2019年4月
初版四刷-1　2021年6月
定　　價　台幣300元
I S B N　978-986-489-326-3

國家圖書館出版品預行編目 (CIP) 資料

讀懂時間簡史的第一本書：大科學家講時間的故事，帶你探索物理科學及宇宙生成的奧祕／李淼著. -- 初版. -- 臺北市：漫遊者文化出版：大雁文化發行，2019.04
176 面；15×21 公分
ISBN 978-986-489-326-3（平裝）
1. 宇宙論 2. 通俗作品
323.9　　108002951